赢在正能量

李少聪 / 著

天津出版传媒集团

天津科学技术出版社

图书在版编目（CIP）数据

赢在正能量 / 李少聪著 . -- 天津 ： 天津科学技术
出版社，2025.4 . -- ISBN 978-7-5742-2872-6

Ⅰ . B848.4-49

中国国家版本馆 CIP 数据核字第 2025W3W236 号

赢在正能量

YING ZAI ZHENG NENG LIANG

责任编辑：王　彤

责任印制：赵宇伦

出　　版： 天津出版传媒集团
　　　　　 天津科学技术出版社

地　　址：天津市西康路 35 号

邮　　编：300051

电　　话：(022) 23332377（编辑部）

网　　址：www.tjkjcbs.com.cn

发　　行：新华书店经销

印　　刷：三河市双升印务有限公司

开本 710×1000　1/16　印张 8.5　字数 120 000

2025 年 4 月第 1 版第 1 次印刷

定价：49.80 元

　　短视频里转瞬即逝的碎片、社交平台上相互碰撞的言论、人工智能生成的虚实交织的图景，汹涌的信息让我们如同置身于一片迷雾森林。正确的三观，世界观、人生观、价值观是引领我们走出迷途，找到人生坐标的"导航罗盘"。

　　世界观，是把地球装进我们好奇的眼睛。世界就像一个万花筒，我们每转动一次就会看到不同的风景——有的地方孩子骑骆驼上学，有的地方老人用雨水煮茶，有的地方科学家在冰原追踪气候密码……看见这个世界的不同，看见不同文明构成这个世界的绚烂，这就是世界观下的思维格局。

　　假设我们得到一张藏宝图，上面画着一座神秘岛屿。人生观就是我们选择怎么航行——是躲在船舱里害怕风暴，还是迎着风浪寻找彩虹？当我们因为被挫折绊倒而灰心丧气，人生观会告诉我们："摔倒不是结局，是发现新路标的机会！"

　　价值观，是我们心里"好与坏"的探测仪。它是一副特别的眼镜，能帮我们看清事物的真相，做出正确的判断。当我们被同学嘲笑衣服太旧时，价值观会提醒："真正的高贵不是穿时尚的衣服，而是举手投足间透露出的优雅与自信。"这就是价值观的力量。

　　世界观、人生观和价值观，是藏在我们心里的三颗魔法种子。这三颗种子现在虽小，但会随着我们的每一次思考、每一次选择慢慢长大，最后长成一棵独一无二的树，为我们的生命撑起一片绿荫。

目录
CONTENTS

Part

1

处世和口才
——一言一行皆修养

　　真正的修养往往藏在细节里：倾听时弯下的腰，被拒绝时仍护住对方尊严的言辞。不必舌灿莲花，当你能把冷硬的话语裹上棉絮，让锋芒隐于谦和之后，便是言语最动人的样子。良好的处世和口才将如春风拂面，让你的每个举动都更有温度，也更加从容。

换位思考，相处不累

班上新来了一个叫小桃的女孩，她性格内向，总是一个人安静地看书。笑笑注意到了她，想邀请她参加学校的读书会，被小桃拒绝了。

正能量解析

在与人交往时，同理心是一项很重要的能力，它的核心就是换位思考。所谓换位思考，就是暂时放下自己的主观意见，尝试从对方的角度去看待问题，用宽容的心去理解对方的立场和需求。

1 换位思考，可以提高情商

当我们能够代入到对方的角色，就更容易理解别人的意图和行为。当我们尝试对别人的遭遇感同身受时，就不会随意嘲笑别人，更不会随意挖苦和讽刺别人。将心比心，不仅是一种善良，也能带给别人温暖。如果我们能够做到这些，就说明我们具备了同理心，情商也会逐渐提高。

2 换位思考，可以提高解决矛盾和问题的能力

双方的意见发生分歧时，如果我们总是站在自己的立场去看待问题，只会让矛盾更难以调和，局面会变得更加尴尬。而当我们懂得为对方着想时，原本复杂的局面就会变得简单。

换位思考就是试着站在别人的角度理解世界。学会换位思考不是为了讨好别人，而是为了让沟通更真诚。当我们愿意理解别人时，我们也会被别人温柔以待，许多矛盾就会化解。

故事温暖人心

三国时期的蜀国，蒋琬继诸葛亮之后担任宰相。蒋琬在和手下的杨戏交谈时，杨戏常常沉默，只应不答。有人趁机向蒋琬告状，说杨戏不回应蒋琬，是对蒋琬的不恭敬。蒋琬却认为，杨戏从不违心地恭维任何人，我说的也不是全都有理，杨戏称赞的话会违背本心，反对的话又怕让我难堪，所以才沉默不语，这正是杨戏的耿直之处，而我正好可以从中发现自己的不足。

正能量课堂手册

1 关注别人的感受

发生冲突时，关注对方的情绪和感受，尝试去理解对方，不做伤害对方的行为。

2 尝试换位思考

发生冲突和矛盾时，尝试去换位思考，思考对方的立场，想想对方为什么要这样做。

3 故事讨论

阅读书籍，观看影视剧后，与朋友讨论其中人物的性格和结局。

4 角色扮演

通过扮演学校和生活场景中各种不同的人物，体验别人的情感和视角。

5 学会原谅别人

在别人犯错时，尝试理解别人并原谅别人的过错。

6 设立家庭交流时间

在家中设立情感交流时间，每个人都有机会分享自己的感受，在此过程中尝试去理解别人的情感需求。

倾听是最好的沟通

聪聪活泼好动，表现欲比较强，他总是想说什么就说什么。别人说话时，他也会忍不住地插嘴。他知道自己这个习惯不好，可总是改不了。

正能量解析

　　倾听是沟通中很重要的"超能力"，能让我们更清楚对方的真实意图。倾听是对别人最好的尊重。专心地听别人讲话，是我们所能给予别人最有效的，也是最真诚的赞美。学会倾听，我们会发现自己变得更受欢迎。

1 倾听能让朋友感到被尊重和理解

　　倾听能让人感到被尊重和理解。就像我们希望别人认真听自己说话一样，别人也希望我们能认真听他们讲。倾听不只是用耳朵听，还要用心去感受。它像是一个温暖的拥抱，让说话的人知道有人愿意花时间听他们的话。

2 倾听可以减少误会

　　在生活中，朋友说话时可能心情不好，或者是观点和我们不同，如果我们没听清楚，可能就会误解对方的意思，做出错误的判断或反应。认真倾听能让我们理解对方的情感和真实意图，避免因为误解而导致矛盾和冲突的产生。

　　倾听不是妥协，而是用尊重换来真诚的交流。认真听别人说话，才能建立信任，减少误会，让关系更融洽。练习把"我想说"换成"你说吧"，你会发现，愿意和你交心的人变多了。

故事温暖人心

有个年轻人跑来向苏格拉底抱怨生活的不公。苏格拉底并没有像其他人那样急于给出意见，他只是安静地坐着，专注地听年轻人讲话，全程都没有打断。等年轻人把自己心中所有的烦恼一股脑地讲完，情绪充分地宣泄之后，苏格拉底只问了他一个问题："你为何将精力投入无法改变之事，而非专注可改变之事呢？"年轻人就此豁然开朗，意识到很多问题其实都是自己钻牛角尖导致的。

正能量课堂手册

1 保持安静

对方说话时，尽量保持安静，克制自己说话的冲动，让对方有条件去表达自己。

2 集中注意力

把注意力放在对方说的事情上，不要被其他事情分散注意力或打断思路。

3 保持耐心

倾听他人的过程中，保持耐心和理解，不要轻易打断对方或提前下结论。

4 眼神接触

别人说话时可以保持适当的眼神接触，表示自己在认真倾听。

5 点头和微笑

在倾听过程中可以适时地点头和微笑，表达自己的关注和理解。

6 使用倾听提示语

用"我明白了""你说得有道理"之类的话表达自己倾听并理解了对方的意思。

7 勇敢提出问题

别人说完后，可就不理解、不清楚的地方提出疑问，确保自己真正理解对方。

8 练习听别人说话

每天练习专注地听父母或朋友说话，不打断，然后复述对方的话或分享感受。

团结合作让彼此强大

学校开展"校园创意手工大赛"，号召大家制作有创意的手工作品。欣欣想要参加比赛，可是时间太紧，她自己一个人无法完成。

正能量解析

如果我们手里有一块小积木，也许它能搭成房子的一角。但是，和朋友齐心协力，我们就能把一块块积木搭建成高大的城堡。就像每只蚂蚁虽然很小，但它们团结起来就能搬动比自己身体大好几倍的食物。这就是合作的力量。

1 合作能提高办事效率

有些问题需要很多步骤才能解决。如果大家分工合作，每个人负责一部分，问题就会解决得更快。就像玩拼图，一个人拼要花很长的时间，如果很多人一起拼，每个人拼一块，原本复杂的问题就简单很多。

2 合作能够激发创意

合作能让创意像火花一样四溅。每个人的大脑都是一个"宝藏"，里面装满了各种各样的想法和创意。当我们独自思考时，或许只能打开一两个"藏宝箱"，但是和朋友一起合作，我们也许就能打开宝藏的大门，激发出无限的想象。因为每个人都有自己独特的想法，当不同的想法碰撞到一起时，我们可能会受到启发，想到更多新的创意。

我们经常会遇到觉得困难、不知道该怎么办的事情，一个人想问题时，可能只有一种办法。但是如果和朋友一起合作，大家一起讨论，就能想出更多的好办法，问题会变得更容易解决。

故事温暖人心

东汉末年，天下大乱，各地诸侯割据。刘备是中山靖王之后，自身实力有限，但为人宽厚，知人善任。刘备和关羽、张飞志同道合，在桃园结拜为兄弟，他深知关羽和张飞的才能和忠诚，对他们非常信任。关羽和张飞跟随刘备南征北战，屡建奇功。后来，刘备又任命诸葛亮为丞相。这四个人相互扶持、携手共进、共同奋斗，让蜀汉政权得以建立和稳固，成为三国时期的一段传奇。

正能量课堂手册

1 明确任务

在合作之前，明确自己和对方的任务和职责。

2 按时完成

对于自己的任务，尽力按时完成，不要拖团队的后腿。

3 勇于承担责任

在合作过程中，如果自己犯了错误要勇于承认，其他人有失误时不要责怪对方，要一起寻求解决方法。

4 互相鼓励和支持

在合作的过程中，和伙伴互相鼓励和支持，共同面对挑战。

5 分享荣誉

要和团队成员分享合作项目完成后获得的荣誉和成果，不要独占功劳。

6 体验分工合作

和父母一起完成一些事情，如打扫卫生、布置房间等，在学校或课外活动中参与小组项目，学会分工合作。

什么话适合背后说

放学后，几个男同学一起去操场上活动。小泽几个人凑在一起聊天，他们聊着聊着就说起了班里一个叫小辉的男同学。

你说小辉怎么总穿得那么土啊？

是啊，他家是不是很穷啊？

别这么说，小辉人挺好的。

你别动，我来帮你捡。

谢谢你啊。

在背后议论人，是不尊重他人的表现……

尊重他人

我那天说了小辉的坏话，可他刚才还帮了我……

小辉人挺好的，今天还帮我捡作业本呢。

真的吗？

正能量解析

不在背后议论别人，就像是在花园里种下了一颗善良的种子，必然会结出美丽的花朵和果实。古人说"静时常思己过，闲谈莫论人非"，就是告诫我们要言行一致、光明磊落，这样才能变得更加积极向上。

1 避免议论是非，就能避免惹麻烦

我们在背后议论别人的话，早晚都会传到被议论者的耳朵里。可能我们当时只是随口一说，但是经过口口相传，这些话就会失真和夸大。对方听到这些话时，很容易造成不必要的纷争和矛盾。如果我们不在背后议论别人，就能避免这些矛盾，和别人保持良好的关系。

2 背后说人好话，能够增进关系

在背后说别人好话，就是在默默地传递温暖和善意。当面夸人可能会有讨好对方的嫌疑，即便说得再真诚也会让人觉得是恭维。但是，在背后说别人的好话，传到对方的耳朵里，对方会觉得这些话很真实，同时也会对我们增加好感。

言语的力量是巨大的，它可以给人温暖，也可以带来伤痛。背后的议论就像隐形的刀，会在无形之中伤害别人，也会影响我们自己。我们要为自己的一言一行负责，做一个只会在背后说别人好话的人。

故事温暖人心

马援是东汉初年的名将，为人忠诚正直。他的两个侄子马严和马敦年轻气盛，喜欢议论别人，尤其是喜欢评价当时的名人。马援在出征的途中得知这件事后，专门写了一封信劝导他们低调做人，不要随意评论别人。在信中，马援希望侄子们不要在背后妄议别人。他还教导侄子们学习龙伯高的敦厚谨慎、谦虚低调，成为一个谨慎的人。

正能量课堂手册

1 思考被议论的感觉

想想如果听到别人在背后说自己不好，自己是否开心，体会那种受伤害的感觉。

2 学会"闭嘴"

听到别人在议论某个人时，不要参与，更不要随声附和，最好找个理由离开现场。

3 转移话题

不能离开时，可尝试转移话题，如说"咱们聊点别的吧""咱们去那边玩儿吧"，自然地将话题岔开。

4 保护别人的隐私

和别人聊天时，不要轻易泄露别人的隐私，也不要探寻别人的隐私。

5 隐藏别人的过失和缺点

和别人聊天时，不要到处宣扬别人的过失和缺点，更不要传播谣言。

6 直接沟通

如果对某个人有意见，直接和对方沟通是最好的方式，但是表达观点时要有礼貌，讲究方式方法。

学会拒绝，别费力讨好任何人

沫沫和小月是好朋友。这天放学前，小月跑过来恳求沫沫，明天早上把作业借给她参考一下。沫沫很为难，想要拒绝又害怕得罪了小月。

沫沫，明早把你数学作业借我抄一下呗。

啊？可是……老师说过不能抄作业。

放心，老师不会发现的，明天见。

抄作业是不对的，但该怎么拒绝她呢？

你有权利拒绝她，你应该告诉她你的想法。

我怕不借给她，她会不理我。

好沫沫，快把作业借我吧。

这样是不对的。我可以教你，但不能借给你抄。

每个人都有自己的原则和底线，也有自己的意愿和感受。拒绝，是一种勇气，也是一种能力。学会拒绝，就能给自己穿上一件隐形的盔甲，能避免我们陷入不必要的困境，帮助我们更健康地成长。

1 懂得拒绝别人，能够保护自己的权益

学会拒绝别人，能够树立起边界，让别人知道我们的底线在哪里，对方就会更加尊重我们，不会随意侵犯我们的利益。有时候，拒绝也能够教会对方如何更好地与我们相处，建立起有益于双方的关系。

2 懂得拒绝别人，能够变得更自信

不懂拒绝的人，久而久之内心会越来越累，人也会变得自卑。其实，说"不"是一种力量的展现。当我们勇敢拒绝别人的不合理要求时，也是在告诉自己："我有权利保护自己的感受和需求。"这能够减轻我们的心理负担，避免不必要的压力和焦虑，让我们变得更加轻松和自信。

拒绝是守住自己的边界。拒绝不等于自私，而是对自己的负责。别人的肯定并没有那么重要，我们也不必为拒绝感到内疚。真正的朋友会尊重我们的选择。学会拒绝，才能把时间和精力留给真正重要的事。

故事温暖人心

庄子是战国中期的思想家、哲学家和文学家，他崇尚自由、淡泊名利。楚王派两位大夫聘请庄子去楚国做官，庄子没有理他们，而是拿着鱼竿说："我听说楚国的宗庙里放着一块龟甲。你们说这只龟是愿意死去留下龟甲而彰显尊贵呢，还是愿意活在烂泥里呢？"两位大夫说："宁愿活在烂泥里拖着尾巴爬行。"庄子说："你们回去吧，我宁可像龟一样在烂泥里拖着尾巴活着。"

正能量课堂手册

1 学会说"不"

在不想做某件事的时候，或是别人的行为、要求让自己感到不舒服时，要勇敢地说"不"。

2 用礼貌的方式拒绝

拒绝别人时要采用礼貌的方式，可以先感谢对方再予以拒绝，比如"谢谢你的好意，但我不爱吃这个。"

3 拒绝时语气坚定

拒绝对方时用坚定的语气，让对方知道我们是认真的。

4 用身体语言表达拒绝

除了语言，还可以用动作表达拒绝，比如摇头、摆手或者后退一步。

5 给出拒绝的理由

在拒绝时给出一个简单的理由，比如"我今天要学习，不能和你一起出去玩"。

6 提供替代方案

在拒绝时提供一个替代方案供对方参考，比如"我明天有空，到时候咱俩可以一起去公园玩"。

Part

2

自律和自强
——对自己越严格，将来才越优秀

　　自律是刀刃向内的勇气，自强是暗处生根的倔强，哪怕岩层坚硬也要攥紧向上的生机。真正的成长都是从"不放纵"开始的，别怕对自己狠，因为只有淬火的钢才能斩断锁链。多年后回首你便会明白，那些咬牙坚持的日夜，正是未来向你弯腰的伏笔。

戒掉拖延，保持主动和快乐

周六小轩只顾着玩，将作业拖到周日再写，却因此错过了妈妈带他外出的机会。他十分后悔，并决心做出改变。

明天写也一样，我先玩儿一会儿。

早知道，我早点写了。

作业写完了吗？写完明天妈妈带你去游乐场。

生活没有早知道，所以我们才要珍惜每分每秒。

这次我一定不再拖延了。

正能量解析

每一天，我们的生活都是一场无法预演、无法重来的现场直播。正是因为这份不可预知和不可复制性，我们必须像"小战士"一样，认真负责地对待每一天，不管什么时候都全力以赴，让每一天都变得超级精彩！

① 严格要求自己，变身时间管理小达人

严格要求自己，能让我们变身时间管理小达人，将时间安排得井井有条。我们可以区分"紧急任务"和"重要计划"，合理安排优先级。这时我们会发现，同样的 24 小时，严格要求自己的我们能够做完更多的事情。这种对时间的掌控感，会让我们充满力量，好像能主宰自己的"小世界"。

② 严格要求自己，可以养成很多好习惯

当我们严格要求自己时，意味着我们在生活中逐渐养成了许多好习惯。比如，坚持早起和阅读。这些好习惯的积累会让我们变成一个更加自律和优秀的人，并且更加从容地面对未来生活的挑战。

生活不是演习，每一天都是真实的战斗，每一秒都是独一无二的时刻，一旦错过就再也回不来了。只有严格要求自己，用最好的状态面对当下的每一刻，才不会给自己留有遗憾。

故事温暖人心

范仲淹年少时家境贫寒，寄居在醴泉寺苦读。他每日煮两升小米粥，待其冷却凝固后，用刀划成四块，早晚各取两块充饥，就着腌菜食用。即使在如此艰苦的条件下，他仍刻苦攻读，常常废寝忘食。同学见他清苦，送来鱼肉饭菜，他却婉拒道："我已习惯清粥，若贪图美味，日后怎能安心读书？"这种自律精神伴随他一生，后来他官至参知政事，仍保持清俭的作风。

正能量课堂手册

1 每日早起

每日早起半小时，用来学习、跑步等。

2 睡前坚持读书

每晚睡前都坚持留出时间读书，积累知识和智慧。

3 设定学习专区

找一个安静、整洁的地方作为你的学习专区，以便更快速地进入学习状态。

4 做失败原因分析图

使用图表，列出导致失败的可能原因，避免片面归因。

5 每次专注于处理一项任务

不要同时处理多件事情，专注于一项任务能带来更高的效率和更好的结果。

6 保证睡眠充足

确保每晚都有足够的睡眠时间，让你的身体和大脑得到充分的休息。

7 制订作业计划表

写作业前做好计划表，为不同科目设定所需时间，并严格执行，不拖沓。

8 设定"每日一件要事"

除了日常的学习，每天挑选一件有助于成长或最想完成的事情，如练字或阅读等。

漫画正能量

　　小浩自小便喜欢飞机，他梦想着能够成为一名飞机设计师。他与妈妈约定好，自己会为此好好学习，尤其是数学。但是在妈妈看不见的时候，他时常懈怠。

自律让你出众，懒散让你出局

正能量解析

古人言："君子慎独"，真正的品格在独处时往往最能体现。无论是否有人监督，都始终严于律己、表里如一，这是一种极为难得的品质。真正的自律和修养，正是无论环境如何变化，都能坚守本心的能力。

1 自觉会带来内在的驱动力

自觉，就像是藏在我们心中的一个"小超人"，它一直悄悄地推动着我们向前走，既不需要别人来告诉我们该做什么，也不需要谁来盯着我们。自觉的力量是从内心生长出来的，当我们心里有变得更好的渴望时，自觉的"小超人"就会变得格外有力量，帮助我们一直保持努力的状态。

2 克己，能够变得自律

所谓克己，就是不让自己的坏习惯占了上风。当我们懂得克己时，就像给自己套上了一层坚固的盔甲，不管外面有多少有趣的事物诱惑我们，或是多少困难想要击败我们，我们都能坚定地做自己该做的事。

一个真正强大的人，在暗处比在明处更懂自律。那些独处时的坚持，终将沉淀为你面对生活的底气。

故事温暖人心

　　王阳明被贬至贵州龙场任驿丞，那里环境恶劣，他刚到时无房可住，便栖身于山洞。虽孤身一人且处境困顿，他仍严于律己。为了悟道，他在山洞中做了一个石棺，整日默坐其中，澄心静思，以直面生死的方式来思考人生的终极意义。历经无数个日夜的苦思，他终于在一寂静之夜豁然开朗，悟出了"圣人之道，吾性自足"的道理，这就是著名的"龙场悟道"。

正能量课堂手册

1 设定自己的道德准则

　　制定一些自己的道德准则，在独处时也严格遵守。

2 制定目标，放在显眼位置

　　给自己制定一个明确的目标，贴在自己看得到的地方，以及时鞭策自己。

3 根据目标制订行动计划

　　目标可以设定得不完美，但一定要有行动。如想要提高英语成绩，就要做好学习英语的计划，包括用时学习等。

4 定时定量

　　无论是学习还是娱乐，都要设定固定的时间和数量，避免过度沉迷或拖延。

5 严格按照计划行动

　　无论是否有人监督，每天到了计划的规定时间后，都要立即开始行动。

6 设置小闹钟

　　独自完成任务时，用闹钟设置25分钟专注时间，响铃后休息5分钟，像上课下课一样规律。

漫画正能量

当遇到困难时，你就该进步了

田田在制作手工时遇到了难题，她努力了很多次，但结果总是不如人意。她不禁开始感到沮丧，有些想要放弃了。

怎么都做不好，真不想继续做了。

你已经越做越好了，再来一次说不定可以成功呢！

这次果然比前几次剪得更顺利了。

妈妈，这次我终于制作完成了！

你的进步很大呢！

正能量解析

我们遭遇挫折就如小树苗历经风雨，每次努力生长都会使自己的根更加深扎土壤。生长的痕迹会化作小树苗身上的年轮，记录它的成长和变化。而我们遭遇挫折后的每次努力，也会化作身上隐藏的"年轮"，证明我们正逐渐强大。

1 竭尽全力，才知道潜力多大

有时候，我们好像探险家，不知道自己的小宇宙里藏着多少能量，直到竭尽全力去做才会发现："哇！原来我这么厉害，可以做到这么好呢！"一次努力也许并不起眼，但日积月累，总有一日会变成非常强大的一股力量。到那个时候，那些原本认为做不到的事情，也会变得简单起来。

2 艰难困苦会为努力让路

你知道蝴蝶是怎么来的吗？是破茧而来。这个过程虽痛苦漫长却是必经之路，对我们来说也是如此。感到艰难时，不要害怕，因为这不是旅程的终点，而是让我们变得更强大的考验。只要足够努力，艰难困苦也会为我们让路。

动画片中的勇士会在战斗中逐渐学会使用武器，而我们也会在挫折中学会如何面对困难，如何坚持不懈。所以别因遭遇挫折而灰心，因为每个努力的瞬间，都是你变强的印记。

故事温暖人心

司马迁自幼受父亲影响，酷爱历史，继任太史令后便着手修史。为此，他花了大量的时间游历四方，搜集史料。可修史之路坎坷，他因替投降匈奴的李陵辩护，而触怒了汉武帝，被下狱。然而他并没有因此放弃撰写史书的理想。他忍受着身心的双重折磨，坚持了下来，并在狱中继续构思和撰写史书，历经艰辛，最终完成了史学巨著《史记》。

正能量课堂手册

1 自我激励

难过时，可以在心中默念一些激励自己的话语，比如"我可以做得更好"，以调节情绪。

2 想放弃时，告诉自己"再坚持一下"

遇到困难或挫折，要保持耐心和毅力，让自己再坚持一下。

3 分享感受

可以与家人、朋友分享自己的感受，寻求他们的建议和支持。

4 每天学习点新知识

无论是通过阅读书籍、参加培训还是与他人交流，都要始终保持对知识的渴望和追求。

5 定期反思与总结

定期做自我反思，总结成长的经验教训，以便调整未来发展的策略和方法。

6 不断调整目标

目标不是一成不变的，你可以根据自己兴趣的转移、努力的程度或者能力的变化而给目标做适当的调整。

班级里每月都进行绘画展示，经过投票选出来的优秀画作，会贴在教室的"荣誉墙"上展示。可小华的绘画一次没有上过荣誉墙，这让他十分沮丧。

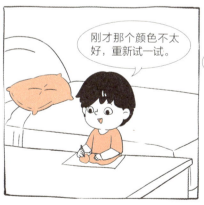

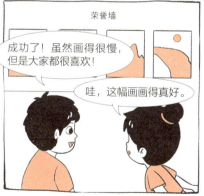

不骄不躁，一步一个脚印

任何事都有自己的顺序，就像我们都是从翻身学起，才能逐渐会坐、会爬，直到学会走路、跑步。每一步都是不可或缺的，如果只是一味地求急图快，最后反而事与愿违。所以，做事要不急不躁、一步一个脚印才行。

1 欲速则不达，慢慢来，才能走得远

若是你也玩过积木就知道，搭积木时，急则易倒，这就是"欲速则不达"。实现任何目标都是如此。比如学习，只有将听课、写作业等每一块"小积木"放稳当了，才能搭建好"知识大楼"。

2 有条不紊才能有效率

大概很多人都有过这样的体验，心中越是着急，做起事情来就越是手忙脚乱。其实，当我们遇到很多要做的事情时，不要急着马上就动手。我们可以先停下来，给所有的事情按轻重缓急排排队，然后再按照顺序去做也不迟。这会避免我们在行动时像无头苍蝇般乱撞，从而提高做事效率。

凡事都需要一个缓慢积累的过程，不心急，才不会遇到太多麻烦。在实现目标的时候，要脚踏实地，一步一步来，就像搭积木那样，一块一块地往上加。

故事温暖人心

李时珍是中国古代的医学家。在学医时，他察觉到传统医学的不足，于是决心编纂一部更为系统和科学的医学著作。为精准辨识每一株草药，他亲赴田间山林，细察草药形态，走访药农，收集民间的用药经验。他先后到武当山、茅山等地收集药物标本和处方，参考历代医学著作数百种。历经二十多年，才最终完成了医学巨著《本草纲目》。

正能量课堂手册

1 设立长远计划和短期安排

可以对一个学期有个大致的计划，再对近一个星期做一个具体的安排。

2 从实际出发制订计划

制订计划时，要符合自己现在的学习能力和水平。

3 计划要留有余地

不要把每天的时间安排得太满，要使计划有一定的机动性。

4 计划要考虑全面

制订学习计划时，也要合理安排休息和娱乐的时间。

5 每晚睡前为明天做好安排

睡觉前，想一想明天要做的事情，然后写在纸上或者心里默默记住。

6 制作日常任务卡

把每天要做的事情写在卡片上，做完就把卡片放到一边，以免遗漏。

7 定时定量完成计划

为每项任务设定一个合理的时间，比如写作业 30 分钟，玩游戏 15 分钟。

8 专注当下

做一件事情时，要全心全意地去做，不分心。

漫画正能量

小景转学后数学成绩一直不好。一次数学课上，老师又一次表扬了其他同学，他很想自己也被老师表扬。

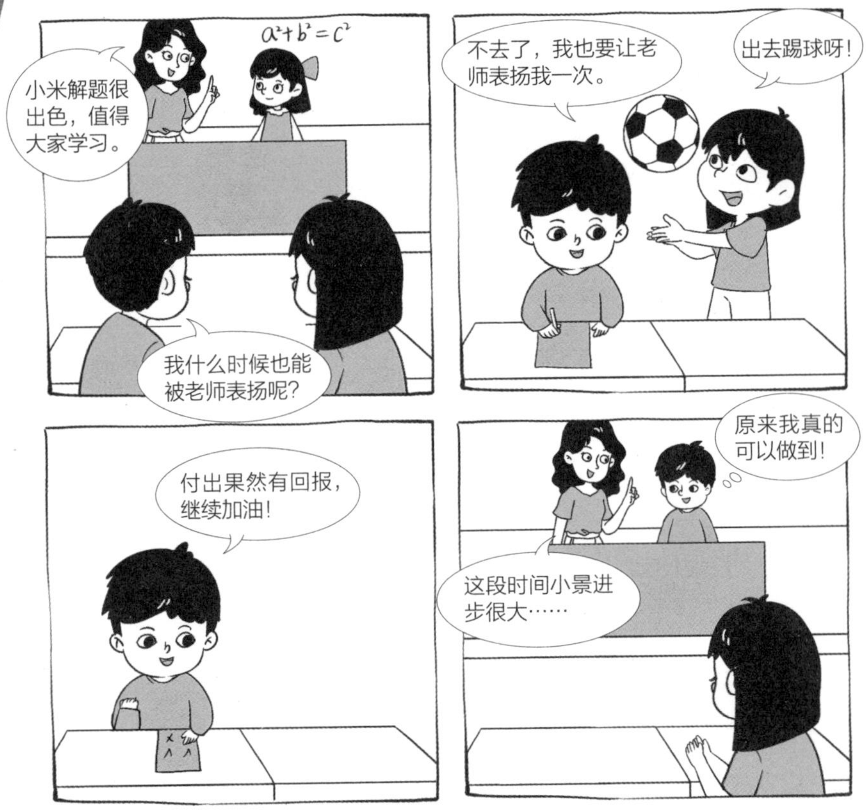

正能量解析

潜力就像牙膏一样，必须挤一挤才能为我们自己所用。所以，有时候我们要对自己狠心一点点，逼自己一把，这样才能知道自己究竟有多优秀。

1 逼自己一把，能发现潜能

遇到看起来很难的事情，我们也许会在心里嘀咕"做不到"。但其实，如果我们能鼓起勇气，试着去挑战一下，说不定就连我们自己都会惊叹于自己的潜能和力量。

2 逼自己一把，能学会坚持和不放弃

逼自己一把，其实就是让我们在遇到困难时，能够咬紧牙关，告诉自己再坚持一下。这不仅仅是为了达成某个目标，更重要的是在这个过程中，我们可以学会坚持和不放弃，学会从失败中站起来。就像只有经过高温煅烧和锤炼后的钢铁才会无比坚韧，我们也会在挑战中变得更加坚毅和勇敢。

我们身上的潜能，是藏在身体里的一个超级厉害的"秘密武器"，只有当我们能够对自己狠下心来，勇敢地走出舒适区时，这个"秘密武器"才会被唤醒，被看见。

故事温暖人心

吕蒙是孙权的谋士与将领，他虽以勇猛著称，但因学识浅薄，常被人轻视和嘲笑，被人称为"吴下阿蒙"。有一日，孙权以自己为例，劝说吕蒙再忙碌也应该抽出时间学习。在孙权的劝说下，吕蒙决定发奋读书。他夜以继日地学习，不断充实自己。后来，他的学识与见解都有了质的飞跃。鲁肃在一次与吕蒙交谈时，还不禁感叹道："卿今者才略，非复吴下阿蒙！"

正能量课堂手册

1 利用碎片时间

在等车、排队或者课间休息的时候，可以复习单词、预习课文等。

2 坚持每天练习

每天坚持花 10 分钟做练习，学习新知识或巩固旧知识。

3 设立"挑战日"

每月选择一天作为"挑战日"，在这一天里，尝试去做一件你平时不敢尝试的事情，比如公开演讲等，逐渐克服恐惧，发现潜力。

4 参与"逆向学习"

即从结果出发，反向推导学习过程，比如，若想提高写作能力，可以先阅读并分析一篇优秀的文章，然后尝试模仿写作。

5 参加实践活动

多参加一些社团活动、兴趣小组，有助于发现自己的兴趣所在和潜在才能。

6 制订"微习惯"养成计划

选择一项对长期发展有益但看似微不足道的习惯，长期坚持下去。比如每天阅读 5 分钟、练习书法 5 分钟等。

Part
3

自信和勇气
——人生由我，无畏前行

　　自信是照亮内心的光，激发你潜藏的力量；勇气是驱散恐惧的风，帮助你穿越迷雾险峰。自信与勇气是人生征途上不可或缺的双翼。当你被自我怀疑的藤蔓缠绕脚步时，请记住，每个惊人的突破，都是始于你相信"我能"的瞬间。

出身不好又如何？我命由我不由天

晨晨一直很喜欢哪吒这个充满了传奇色彩的神话人物。恰好电影《哪吒》正在热映，妈妈就带着他去电影院观看这部电影。

你觉得他哪里最厉害？

电影真好看，哪吒好厉害！

不服输、不认命，才是哪吒真正厉害的地方。

妈妈，我以后也要像哪吒一样。

正能量解析

"我命由我不由天"的字面意思是：我的命运由我自己掌握，不向命运低头屈服。这句话告诉我们，每个人生来都会有欠缺的地方，但并非难以改变。比命运更重要的是个人的努力，我们可以通过自己的努力和选择来改变自己的命运。

❶ 接纳缺陷，积极面对

我们可能没有美丽的容貌，没有过人的智慧，也没有讨喜的性格，但我们不必因此而紧张和焦虑，更不必因为无法改变而一蹶不振。与其过分纠结自己的缺点，我们不如学着接纳。当然，接纳自己的缺点并不意味着放弃改变，而是用积极的心态去面对它们。

❷ 改变命运，最重要的是改变自己

不同的人会有不同的命运，但一个人的命运不是由上天决定的，也不是由别人决定的，而是自己。当我们改变自己时，命运也会随之改变。而如果我们除了感叹命运的不公，从来都不去尝试、不去努力，改变命运就只会是一句空话。

我命由我不由天，就是相信你能决定自己人生的方向。很多时候，我们所认为的缺陷和不足，并没有自己想象得那么严重。出身和环境或许会影响起点，但努力和选择决定了终点。

故事温暖人心

北宋初年的宰相吕蒙正幼年时生活环境艰苦贫寒，但他并没有因此而气馁，而是刻苦学习，在科举考试中一举考中状元，开始步入仕途。他的仕途并非一帆风顺，曾历任知制诰、翰林学士等职务，但多次因政治斗争而遭遇贬谪。但是，他并没有因此而气馁，而是继续为国效力，凭借自身的才华和宽厚正直的性格多次被朝廷召回重用，三次被任命为宰相，为北宋初年的贤相之一。

正能量课堂手册

1 设定小目标

小目标包括读完一本书、写完一篇字、学会一个新的知识点等。

2 勇敢发言

在课堂上或日常生活中遇到不懂的问题时，要敢于提问，向老师或家长寻求帮助。

3 尝试新事物

做一些以前没有做过的事情，比如尝试画画、下棋，或者是学习烹饪。

4 设定"挑战日"

在每个月或每季度设定一个"挑战日"，在那天尝试做一些平时不敢做的事情，比如和别人比赛、做一次演讲等。

5 与朋友分享

和朋友一起分享彼此的进步，互相鼓励，共同成长。

6 制作激励性的标语和海报

制作一些激励性的标语和海报，把它们贴在书桌上或卧室里。

大胆展示自己，才能获得更多机会

周末，妈妈带欣欣去参加一个知识讲座。到了会场，妈妈看见第一排的位置正好空着，就想和欣欣坐到那边，可欣欣不愿意。

正能量解析

如果让你自己挑选座位，你会坐在哪里呢？有人习惯坐在前排，有人习惯坐在后排。如果我们鼓励自己坐在显眼的位置上，这对我们的成长会有很大的帮助。

1 坐在前排，可以锻炼勇气、提升自信

坐在前排能够锻炼我们的勇气和胆量。当我们的勇气和胆量变得越来越强大，以后再面对更大的挑战时，就不会感到害怕了。经常坐或站在前排，我们会发现自己越来越自信了。

2 坐在前排，可以提高表达力、培养领导力

经常坐在前排，我们会得到很多展示和表达的机会，表达能力就会得到锻炼并逐步提升。坐在显眼的位置上也是培养领导力的好机会。当我们的勇气和自信心逐渐增强，具备了较强的沟通能力，就会对别人产生影响，从而提升自己的领导能力。

每个人身上都有自己不曾发现的潜能。坐在前排，就是在展示自己，我们可能会就此发现自己隐藏的能力和才华。

故事温暖人心

战国时期，秦国攻打赵国，赵国的平原君决定前往楚国求救。此时，门客毛遂站出来自荐。平原君一开始并不看好他，但他仍然坚持跟随。到了楚国，平原君和楚王商谈合纵抗秦的事情，楚王犹豫不决。毛遂见状，大步跨上台阶，向楚王阐述了联合抗秦的利害关系。他的话慷慨激昂，让楚王心悦诚服，当场决定与赵国结盟。毛遂凭借自己的勇气和口才帮赵国与楚国结成联盟，解了邯郸之围。

正能量课堂手册

1 积极参与讨论

面对课堂上老师的提问和同学间的讨论，可以主动表达自己的想法，提出自己的疑问。

2 参加课外活动

加入学校的兴趣小组或社团，如体育、绘画；参加学校组织的比赛和活动，如运动会、演讲等。

3 展示知识和新技能

在适当的场合展示自己课余学到的知识或技能，如历史、编程等。

4 分享个人故事或经历

在家庭聚会或朋友聚会上，主动分享自己的趣事、学习经历或旅行见闻。

5 与同龄人交流

在学校、社区或各种活动场所中，主动和同龄人交流，分享彼此的想法和兴趣爱好。

6 组织活动或聚会

可以组织一些小的活动或者聚会，邀请同学和朋友参加。

劈开偏见大山，大方做自己

　　浩浩性格内向，不善言辞，总是喜欢一个人静静地待在角落里看书，但这份内敛常常让不了解他的人误以为他冷漠或不合群。

正能量解析

偏见指人们对某件事、某个人或群体，持有一种先入为主的观点、态度或判断，它们往往基于个人经验、误解或是刻板印象。偏见普遍存在于生活中，最常见的偏见有性别偏见、年龄偏见、外貌偏见、学历偏见等。

1 内心足够坚定，偏见就不能影响你

电影《哪吒：魔童降世》里，面对世人的偏见，哪吒通过除暴安良的方式证明了自己的善良。偏见就像是天空中的雾霾，如果我们内心坚定，就像手里有一个指南针，无论雾霾有多严重，我们都能找到正确的路，而不会被别人的负面评价左右。

2 偏见与你无关，允许自己不被喜欢

每个人都有自己的喜好和想法，这是无法避免的。别人对你的看法，只代表他们的观点，并不能代表真实的你。你的价值，也不是由别人来定义和评判的。即便你再优秀，做得再好，也总会有人不喜欢你。学会接受这个事实，你会活得更加轻松和自在。

偏见既不客观，也不理性。电影《哪吒：魔童降世》中，关于偏见有一句很有名的台词："人心中的成见是一座大山，任你怎么努力都休想搬动。"偏见虽然像山一样强大，但也并不是不可战胜的。

故事温暖人心

徐悲鸿年轻时考取了巴黎国立高等美术学院，成为绘画大师达仰的学生，这引起了一些人的嫉妒。有一个外国学生质疑徐悲鸿的能力，他甚至很无礼地宣称中国人没有艺术才华，成不了画家。对此，徐悲鸿并没有和他争论，也没有自暴自弃，而是决定用实际行动证明自己的价值。他刻苦学习，三年后以优异的成绩毕业，作品轰动了整个画界，曾对他抱有偏见的外国学生也专程向他道歉。

正能量课堂手册

1 倾听对方的观点

面对偏见时，保持冷静，先倾听对方的观点，尊重他人的发言。

2 积极表达自己的观点

用礼貌而坚定的语言表达自己的不同意见，勇敢说出自己的想法。

3 使用"我"语句

使用"我觉得"或"我认为"来表达自己的感受，比如"我觉得你这样说让我感觉不舒服"。

4 学会分析问题

从多个角度看待问题，学会分析辨别偏见和事实，而不是盲目地接受或反驳。

5 勇敢发言

立刻行动，用结果去证明自己，偏见自然会不攻自破。

6 寻求支持

受到不公平待遇时，向父母、老师、朋友寻求支持，让自己获得更多的力量和安全感。

漫画正能量

莎莎最近心情不太好，因为她发现自己最好的朋友小雅成绩比她好，长得也比她漂亮，还会唱歌。和小雅比起来，莎莎觉得自己就像个丑小鸭一样。

别总羡慕别人，你也值得被羡慕

正能量解析

很多时候，我们的目光都集中在别人身上，觉得别人是"光芒万丈"般的存在，而自己则显得"黯淡无光"。我们总是羡慕别人，却忘记了自己也有独特之处。只有坚持做自己，我们才能发挥出自己最大的潜力。

1 你羡慕别人，别人也会羡慕你

你羡慕别人的成绩好，别人可能羡慕你的家庭幸福；你羡慕别人的美妙歌喉，别人可能羡慕你的矫健身姿。我们没有必要去羡慕别人，更没有必要去成为别人。羡慕别人，模仿别人，只会让我们迷失了自己的方向，甚至忘记了自己的初心。

2 换个角度看自己，挖掘自身的优势

当我们把别人当作参照物时，就会不断地与别人比较，从而产生自卑感。当我们无法和别人完全一样，也无法消除和别人的差异时，不妨换一个角度看自己，找出自己的优势。当我们懂得发掘和利用自己的优势时，才能真正地摆脱自卑。

世界上没有两片完全相同的树叶，也没有两个完全相同的人。正是这些差异，才构成了多姿多彩的世界。每个人都有属于自己的特长和优势，只要用心寻找，总会找到。认清自身优势，我们才能发挥潜力。

故事温暖人心

　　汉朝的开国皇帝刘邦出身市井、识字不多，但他具有很清晰的自我认知。他深知自己在谋略方面不如张良，在治理国家方面不如萧何，在军事才能方面不如韩信，可是他有着这些人所不具备的特长，比如人际交往能力、卓越的领导能力和发现人才、善用人才的能力。正是因为巧妙地运用了自身的这些优势，他才能带领着那些某些方面比他优秀的人才创立了汉朝。

正能量课堂手册

1 关注自己的日常行为

　　注意自己在哪些活动上花费的时间最多，做哪些事情时全神贯注，对哪些领域有热情、感兴趣。

2 问自己喜欢什么

　　可以问问自己喜欢做什么，不喜欢做什么，以及为什么。

3 记录成长日记

　　记录自己的日常活动和感受，回顾时看自己在哪些方面取得了进步，哪些事情让自己感到快乐和满足。

4 寻求反馈

　　向父母、老师、朋友或教练寻求反馈，倾听他们的意见和建议，了解自己的表现。

5 参与团队活动

　　参与学校和社会上的集体活动，从这些活动中发现自己的优势所在。

6 在线学习

　　通过在线课程的学习和实践，探索自己的兴趣，发现自己的优势和潜力。

你生来无畏，面对疾风吧

阳阳有一个小秘密——他不敢当众讲话。他总是害怕自己说得不好，会受到大家的嘲笑。学校宣布将举办一场演讲比赛，他很想参加，可心里又有点害怕。

我想参加演讲比赛，可就怕发挥不好。

多练习就好了，我支持你。

今天我要讲的是……

演讲比赛

加油，能站到舞台上我就赢了。

演讲比赛

不管是否得奖，我都不再害怕当众讲话了。

当我们面对未知、危险或挑战时，感到恐惧是一种本能的反应。我们总认为勇气就是毫不畏惧，其实，真正的勇气并不是穿着闪亮盔甲的超级英雄，而是住在我们每个人心里那个勇敢的自己。

❶ 勇气能让我们面对和战胜恐惧

勇气就是当我们害怕时，仍然愿意去面对。就像我们第一次在公众面前演讲，就算害怕也还是站上台去尝试。勇气不仅需要面对恐惧，还要努力去战胜它。当我们战胜恐惧时，就会发现自己变得更强大了。

❷ 勇气能让我们更自信

勇气有很多种表现形式：它可能是坚持自己的信念，即使面对众人的质疑也不动摇；可能是敢于承认自己的错误，勇于承担责任；也可能是在逆境中保持乐观，积极寻找解决问题的方法。无论是哪种形式，当我们鼓起勇气面对恐惧时，都是对自我的一次突破。每一次克服恐惧的经历，都会让我们变得更加相信自己。

每个人都有害怕的东西，怕黑、怕高、怕失败……但勇气不是什么都不怕，而是即使心里害怕，也愿意面对和战胜恐惧。当我们一步步地靠近这些恐惧，最后可能发现，它们其实并没有我们所想得那么可怕。

故事温暖人心

在楚汉相争时期，韩信被刘邦封为大将，负责攻打赵国。赵国集结了二十万重兵迎战，而韩信所率领的汉军兵力较少，处于劣势。韩信并没有因此而恐惧和退缩，而是充分地研究了地形，率领士兵沿河岸摆开阵势，背水列阵。汉军士兵为了生存，与赵军展开殊死搏斗。最终赵军大败，赵王被俘，主将被杀。在面对强大的敌人时，韩信用他的智慧和勇气战胜了恐惧，获得了最终的胜利。

正能量课堂手册

1 描述恐惧的事情

可以用文字、绘画或讲述的方式描述恐惧的事情，清楚地认识自己的恐惧。

2 理性地思考令人恐惧的事物

用理性的方式思考令人恐惧的事物，客观地看待恐惧，寻找解决方法。

3 勇敢发言

逐渐接触恐惧的事情或对象，而不是直接面对，让自己逐渐适应。

4 积极正面的想象

感到害怕时，想象自己是一个勇敢的英雄，正在克服一个困难。

5 独立面对挑战

独自去完成害怕的事情，比如独自睡觉等，学会更好地去应对恐惧。

6 阅读相关的书籍

阅读与勇敢相关的书籍，看其他人是如何成功克服恐惧的。

7 向父母寻求支持

可向父母表达恐惧，他们的耐心倾听和理解能给我们勇气和力量。

8 和同龄人交流、分享经验

和同龄的伙伴交流如何解决问题，请他们分享自己的经验。

Part

4

乐观和向上
——心若向阳，未来可期

　　真正的光明不在远方，而在向阳而生的心房。乐观是穿透阴霾的晨曦，让困顿化作滋养心田的露珠，在每一次跌倒后都能长出更坚韧的根须。别怕阴影笼罩，当你主动迎向朝阳，连裂缝里也能播下希望的种子。

遇到困难不退缩，让困难怕你

　　佳佳最害怕学数学，她觉得那些公式和定理太难了。她曾经想过放弃，但是在老师的鼓励下，她坚持了下来，成绩得到了提高。

正能量解析

在面对困难时，我们总是会感到害怕、焦虑或者沮丧。但是，乐观就像一个闪闪发光的魔法棒。每当我们遇到困难或令人不开心的事情时，只要挥一挥这根魔法棒，我们就会变得更快乐、更强大。

❶ 乐观，能让我们更好地应对压力和克服困难

在逆境中，乐观能够帮助我们有效地调节情绪，引导我们保持冷静和理性，让心态更加平和，从而更好地去解决问题和应对困难。乐观还能增强我们的韧性，让我们面对挫折时更加坚强、更有耐心。

❷ 乐观的人，更健康、更幸福，更容易实现目标

相比悲观的人，乐观豁达的人心态更加健康，心情更好，也不容易感觉累。乐观的人更容易感到幸福，他们心里总是充满了快乐和希望，相信未来一定会更好。乐观的人更容易达成目标，他们总是相信自己能够做到，不害怕失败，也不害怕尝试新事物，会更加坚持和努力。

悲观只会让我们的情绪越来越差，问题得不到解决，毫无益处，而乐观能让我们看到事物积极的一面。当我们相信困难只是暂时的，就会萌生出更多的勇气，帮助我们战胜困难，实现目标。

故事温暖人心

北宋文豪苏轼一生历经坎坷，宦海浮沉，却始终保持乐观豁达。因为"乌台诗案"，他被贬为黄州（今湖北黄冈）团练副使。他并没有因此而消沉，反而积极地调整心态。尽管所处环境偏远，生活艰苦，他的心态依然非常乐观。在黄州，他和众人外出时被大雨淋得十分狼狈，仍然写下了"回首向来萧瑟处，归去，也无风雨也无晴"的名句，展现了他对人生风雨的淡然态度和随遇而安的豁达心境。

正能量课堂手册

1 学会肯定自己

对于自己做得好的事情，给予积极的肯定，对自己说："我做得很好，下次可以做得更好！"

2 把大任务分解成小目标

把大任务分解成一系列小步骤，每完成一步就给自己一点奖励。

3 用积极的语言描述困难

养成积极的语言习惯，比如"这是一个学习的好机会"而不是"这太难了，我做不到"。

4 庆祝每一个微小的成功

无论成功多么微小，我们都要庆祝，增强自己的自信心和乐观态度。

5 写成功日记

记录自己取得的成功，回顾自己的成长和进步，从而增强自信心和保持乐观的态度。

6 用幽默故事等来减轻压力

面对困难时主动寻找方法，比如通过阅读幽默故事、听笑话和玩游戏来减轻压力。

用笑容传染快乐，朋友都爱你

肖铭是班级里的"小太阳"。当有人遇到困难或不开心，他总是用笑容和鼓励的话语帮助对方。他的笑容仿佛有魔力，瞬间能让别人感受到温暖和快乐。

正能量解析

微笑能温暖自己，也能照亮别人。对人微笑，会显得亲切友善。遇到挫折时，对自己笑一笑，能重拾信心。乐观的笑容不仅能让我们获得愉悦，也能让别人感受到快乐。与人交往时，不妨多一些微笑，让这份喜悦在彼此间传递。

1 笑容，能让我们变得快乐

虽然微笑只是一个简单的表情，却蕴含着巨大的能量。我们笑的时候，就像在心里打开了一扇窗户，让阳光照进来。即使我们本来有点不开心或是感到有压力，笑一笑也会让我们感觉好多了，瞬间改变我们的心情。快乐可以传染，听到身边人发出爽朗的笑声，我们也会忍不住跟着笑起来。

2 笑容，能让我们赢得好感

与人交往时，别人对我们的第一印象往往来自我们的笑容。面无表情或表情严肃会给人留下紧张和冷漠的印象，而真诚自然的微笑能在瞬间拉近距离，增强彼此间的亲密度。如果我们希望获得别人的好感，要记得时刻保持微笑。

笑容，能让我们的生活变得更加美好，让朋友愿意接近我们。保持微笑不代表忽视烦恼，而是选择用积极的态度面对生活。

故事温暖人心

查理·卓别林是世界电影史上最伟大的喜剧演员之一。他用精湛的演技和独特的艺术风格征服了全球观众，用他的笑容和幽默感给我们带来了无尽的快乐。他在电影中创造了很多令人捧腹的角色和情节。他特别擅长扮演底层小人物，总是以乐观、幽默的态度面对生活中的困境，这种态度也深深地感染了观众。他的笑容和乐观的态度成了他一生的标志，也让他成为无数人心中的喜剧大师。

正能量课堂手册

1 早晨起床对着镜子笑一笑

每天起床后，站在镜子前给自己一个微笑，在新的一天保持积极的心态。

2 记录快乐的事情

每天记录一件让自己感到快乐的事情，比如品尝美味、结交朋友等。

3 做让自己快乐的事情

经常做一些让自己快乐的事情，比如阅读、画画等，让心情跟着愉悦起来。

4 读笑话和看喜剧电影

读笑话、看喜剧电影等可以让人快乐，提高幽默感。

5 想象美好的事情

给自己一些时间想象美好的事情，比如成为超级英雄，能给自己带来快乐。

6 主动打招呼

见到认识的人，主动微笑并打招呼。

7 分享自己的趣事

和家人、朋友分享自己有趣的事和快乐的经历，让快乐在交流中传递。

8 学会赞美别人

看到别人的优点、长处或做得好的地方，给予真诚的赞美。

漫画正能量

别抱怨！变优秀世界就公平了

丹丹家的经济条件不太好。看到别的同学用着精美的文具，穿着名牌的衣服，她十分羡慕，忍不住和爸爸妈妈抱怨。爸爸鼓励她努力学习，将来靠自己过上好的生活。

真好看，如果我也能有一双就好了。

这是我爸刚给我买的，限量版呢！

家境不同，但爸爸相信你可以靠自己改变这一切。

为什么我不能穿那么好的鞋呢？

我要努力学习，让生活变得更好。

丹丹，你真棒。我要向你学习。

正能量解析

很多时候，消极的态度只会让事情变得越来越糟，抱怨只会给自己添堵。遇到困难时不抱怨，而是想想"我可以怎么做"，用积极的心态面对，我们会发现自己拥有更多的可能。

1 不抱怨，能让自己更轻松

当外界的人和事情无法改变时，我们唯一能做的就是调整好自己的心态。遇到难事难题，不着急，不抱怨，能让我们更加积极乐观，心态更稳定。当我们学会把自己从困境中抽离出来，不再盯着问题不放时，就会发现身边有很多值得珍惜的人和事，心情会更阳光、更坦然。

2 不抱怨，才能解决问题

抱怨就像是站在原地，看着问题变大。但是当我们克服抱怨的冲动，积极寻找解决办法时，大问题就会变成小困难，更容易被解决。不抱怨，能让我们的内心更加坚韧，久而久之就会变得更强大。

当我们不抱怨的时候，就像是给自己的心情穿上了一件"保护罩"，不管外面下了多大的雨，我们的心里都会是晴空万里。学会不抱怨，我们每天都能发现生活中的小确幸，整个人也会变得更积极。

故事温暖人心

张仪是战国时期著名的谋士。他在楚国参加宴席时被怀疑偷盗，遭受了刑罚。因为没有确切的证据，他被释放回家。妻子看到他遍体鳞伤，十分心疼和气愤。但他不以为意，反而问妻子："你看看我的舌头还在不在？"在得到肯定的答复后，他说这就够了。他并没有抱怨自己在楚国所受的冤屈和侮辱，而是去往秦国，最终被秦王封为国相，成为战国时期著名的政治家和外交家。

正能量课堂手册

1 从积极的角度看待问题

遇到困难或不如意的事情时，尝试从积极的角度去看待，比如"这次的题很难，但是我可以借此弥补自己的弱项"。

2 寻找解决方案

在抱怨时，提醒自己去寻找问题的解决方法，而不是沉浸在抱怨中。

3 适当地反省自己

定期花时间思考自己为什么会抱怨，思考自己身上有没有问题，想想是不是自己有什么事情没有做好。

4 积极地表达感受和需求

告诉对方"我有点失望，我本想和你一起去的"，而不是抱怨对方"你总是忽视我"。

5 设定"不抱怨日"

选择每月的某一天为"不抱怨日"，在这一天不抱怨任何事情，做到的话就给自己奖励。

6 记录感恩日记

每天写下令自己感激的事情，培养自己感恩的心态，减少抱怨。

漫画正能量

涛涛初学滑冰，他很想学好，可是在冰场上看到那么多高手后，他很害怕自己学不好会当众出丑。教练发现了他的犹豫不决，把他带到了冰场上。

学会爱自己，轻松不内耗

正能量解析

　　如果心里总是装满了各种各样的烦恼和纠结，我们就会感觉喘不过气来，就像花园里堆满了杂草。不内耗就像给自己的心灵做了一个大扫除，我们内心的小花园才能更宽敞、更明亮，快乐的花朵才能有更多的空间绽放。

❶ 不内耗，我们才能轻装上阵

　　内耗就像我们的心里总是有两个小人在吵架，一个说这样做好，另一个说那样才对。当我们不再纠结于内心的矛盾，不再自己和自己"打架"时，心里就不会那么累了，反而能更清楚地认识自己，知道自己的优点和长处，更积极地想办法解决问题。我们会更有信心，乐观、活力四射地面对每一天。

❷ 不内耗，我们才能更专注

　　内耗会让我们分心，想很多没用的事情，还容易导致我们变得焦虑和不安。不内耗，我们就会把所有的精力都放在眼前的事情上，事情反而会做得更好，甚至会超出我们平常的水平，让我们更有自信。

　　过于追求完美时，我们会对自己产生很高的要求，无法容忍一点落差。摆脱这种心态，才能在无形之中给自己减轻负担。当我们觉得自己特别棒时，才有勇气去挑战自己，从而形成一个正向的循环。

故事温暖人心

　　东晋诗人陶渊明任县令时，恰逢一位长官前来巡视，要求他束带迎接以示尊敬。陶渊明认为这样的事情不适合自己，于是便解印辞官，还写下了著名的《归去来兮辞》以明志。在面对出仕为官，还是归隐田园的选择上，陶渊明并没有过多地内耗，而是选择聆听内心的声音，追求自己的梦想和信仰。他不仅创作了大量的田园诗，成为田园诗的开创者，更是后世文人心中的"隐士典范"。

正能量课堂手册

1 接受自己的不完美

　　用更加宽容的心态看待自己的不足和缺点，把注意力放在如何成长和进步上。

2 避免过度自责

　　犯错或遇到挫折时，不要过度自责，把它们视为学习和成长的机会。

3 学会翻篇

　　做好决定后就不要再犹豫，对于已经发生的事情就不要再纠结。

4 遵循自己的想法

　　追随自己的内心，凡事多问问自己的想法，不要太在乎别人的评价。

5 问问自己内耗的原因

　　出现内耗，多问问自己原因。这些担忧是真实存在的，还是仅源于你的想象？

6 用行动代替思考

　　行动是治愈内耗的良药。学习一项新技能，完成一个小目标，都能减少内耗的发生。

漫画正能量

想哭就哭！眼泪也是成长勋章

小志为了在长跑比赛中获胜，练习了三个月，可惜最后他和第一名还是相差了五秒钟。从跑道上下来，他感觉很委屈，眼泪在眼眶里打转。

正能量解析

我们排解情绪的方式有很多种，哭泣也是其中之一。哭泣是最纯粹、最直接的情绪出口，能让我们的负面情绪得以宣泄，重新获得内心的平静。哭并不是可耻的事，它对我们管理情绪大有益处。

❶ 哭，能帮助我们管理情绪

情绪就像水流，被堵截时就会越积越多，最终泛滥成灾，顺畅地流淌时才会逐渐平息。当情绪得到释放，我们才不会压抑自己的情绪。不去抑制哭泣的念头，我们才不容易感到焦虑和抑郁。长此以往，我们才能有效地管理情绪，增强自我控制能力。

❷ 眼泪，不是女孩的专属

我们经常能听到"男儿有泪不轻弹"之类的话。同样是哭，人们觉得女孩哭很正常，却会嘲笑男孩哭就是软弱。很多男孩自己也这样认为，会刻意强迫自己不哭。但其实，哭泣只是表达情感的方式。哭并不意味着脆弱、胆小和逃避。无论男孩还是女孩，都可以哭。

哭代表着我们正视和接纳了自己的情绪。平时适当地发泄情绪，表达自己的脆弱，能够帮助我们打开自己的内心。

故事温暖人心

王羲之是东晋时期著名的书法家，被誉为"书圣"。尽管出身世家大族，但仕途不顺、有志难伸，让他的内心充满了矛盾和挣扎。每当面对生活的压力和情绪的困扰时，他便选择通过书法来排解情绪。在得知祖坟被毁后，王羲之给朋友写了一封信，将自己的悲痛之情完全融入笔墨之中。他运用自如的笔法、墨色和布局，将内心的悲痛之情表现得淋漓尽致，这就是著名的《丧乱帖》。

正能量课堂手册

1 选择安静、私密的地方

想哭的时候，可以找一个安静、私密的地方，比如自己家里，或者是某个没有人的地方。

2 设置"情绪安全屋"

可以在家里设置一个地方专门释放情绪，比如一个小帐篷、一个放有软垫的角落等。

3 使用安慰物品

感到难过时，可以抱着毛绒玩具、抱枕、毯子之类的东西哭泣，给自己安全感。

4 设立"哭泣时间"

设立一个专门的时刻，可以自由地哭泣和表达情绪，不必担心会打扰别人。

5 哭泣后反思原因

停止哭泣后，可以用文字或图画的方式回顾哭泣的原因，有助于理解情绪。

6 向父母倾诉

和父母分享自己难过的经历和感受，他们会给予我们关心和理解。

Part

5

拼搏和进取
——在挑战中成长，在奋斗中收获

　　直面挑战是成长的起点。面对解不开的数学题就多写几遍草稿，面对不合格的作文就重调框架，这些看似笨拙的努力总会将刀刃磨出锋利的寒光。别怕摔跤，所有瘀青都是成长的印记。当你把每一个"我试试"变成"再来一次"，就已经在悄悄长大。

读书很苦，但坚持很酷

学校给笑笑布置了阅读任务，笑笑却觉得读书既累又枯燥，完全看不下去。但通过妈妈的引导，她从中发现了读书的乐趣。

读书到底有什么意思啊？

想知道吗？有一本书可以告诉我们答案哦。

妈妈，那花叫什么名字，山又是什么山？

当然了，书籍能让你看见很多平时见不到的事物。

哇，有好多我没见过的花！

原来从书中能知道很多有意思的东西。

正能量解析

张桂梅校长说："不读书，天地辽阔，内心犹在井底；不求知，宇宙广袤，人生局限如尘。"读书能让我们看到脚步丈量不到的地方，感受到肉眼无法触及的景色。书籍会成为我们成长的养分和探索世界的捷径。

① 读书可以开拓视野

每一本书都像一个独立的小宇宙，我们能在里面遇见许多平时见不到的奇妙事物。读书，就像是给自己插上了一对自由的翅膀，可以让我们的心飞到任何地方，让我们的视野越来越开阔，心中装着的世界也越来越大。

② 读书是一种低成本、高回报的学习方式

一个人学习的方式有很多，但读书无疑是一种低成本、高回报的学习方式。书中包含了人类几千年来积累的知识与智慧，每一个普通人都可以通过阅读快速获取大量的知识和信息，了解前人的经验和见解，避免自己走弯路、错路。

书籍中人物的经历和道德观念会影响我们，当我们坚持读书，养成习惯，那些故事里的精气神，自然会顺理成章地变成我们不凡的见识和谈吐。

故事温暖人心

战国时期的苏秦年轻时学问不深，不受重视。他下定决心发奋读书，每日读书至深夜，时常困乏地伏案而睡。有一天晚上他又读书睡着了，刚一趴到桌子上，就被上面的锥子扎到了手臂，疼痛让他睡意全消。从此之后，每当他熬夜读书昏昏欲睡的时候，就用锥尖扎刺大腿让自己保持清醒，继续读书。经过这样的勤学苦读，苏秦终于学有所成，成为一代纵横家。

正能量课堂手册

1 制定阅读目标

阅读要有计划，比如每周阅读一定数量的书籍，或读完一本长篇小说。

2 循序渐进阅读

先从易于理解的部分看起，慢慢增加阅读的时长和深度。

3 营造读书氛围

将书籍放在随时可以触摸到的地方，比如床头、桌案等。

4 阅读喜欢的书

兴趣是最好的向导，你可以找到适合且喜欢的好书阅读。

5 做读书笔记

写下阅读的感受，摘录一些打动你的句子。

6 不仅限于书籍

读书不仅仅是阅读书籍，凡是高质量的文章都可以看一看。

7 多样化阅读

尝试阅读不同类型的书籍，包括小说、诗歌等，以拓宽自己的视野。

8 固定阅读时段

每天设定一个固定的阅读时间，比如睡前或午后，培养阅读习惯。

越努力，越进步，越轻松

小鹏的成绩很好，可他在同学眼中是个贪玩的人，这让同学不解。实际上，他在私下不仅非常努力，还特别注重学习方法，这是许多同学所不知的。

正能量解析

如果不经过琢磨，宝石也不会发光。即使是再具天赋的人，也需要通过不断的学习和实践来提升自己。那些表面上看起来做什么都毫不费力的人，他们看似天才，其实背后隐藏的是持续的勤奋与努力。

❶ 有勤奋的积累，才有表面的轻松

想要跳出华丽的舞蹈，需要无数次的训练；想要有一次精彩的投篮，会经过无数次篮球与地板的撞击。每一个看起来光鲜的成绩，背后都有着一次次努力的影子。如果我们也想要变得更优秀，那么就为此花费时间和努力吧。

❷ 越努力的人，越幸运

努力是一件很神奇的事情，它能够让短处变为优势，让不可能变为可能。努力可以弥补天赋带来的差距，也能给我们带来千万种可能，甚至还能帮助我们创造成长的机会。所谓的好运，其实就是在我们更加努力之后，水到渠成地遇见了更好的人和机会。

很多人都认为鲁迅先生是文学界的天才，对此，鲁迅先生却回应："哪里有天才？我是把别人喝咖啡的工夫，都用在工作上的。"所有表面的轻松背后，都是勤奋的积累。

故事温暖人心

有一天，苏轼的朋友登门拜访他，他却让人等候许久才出来，他致歉并解释在做日课——抄写《汉书》。朋友不明白，以他的才学为何还要抄写，苏轼说自己已经抄三遍了。朋友随意说出《汉书》中的一字，苏轼就能背出与之相关的数百字，且一字不错。朋友惊叹不已，连连叹服。

正能量课堂手册

1 制订个人计划

制订每天的学习计划，包括学习时间、学习内容等。

2 定时定量完成学习任务

学习任务要定时定量地完成，养成日常习惯后，你就不会吃力了。

3 设立可以量化的目标

这样目标更容易实现，也能让你保持动力。比如，将"提升英语单词量"拆解成"这个月要熟背百词"。

4 上课时要专注

上课时集中注意力，认真听讲，积极参加课堂讨论。

5 勇敢提问

如果在学习上有不懂的地方，及时向老师提问，不要害羞。

6 高效利用时间

放学后，先完成作业，再安排其他活动。

只要努力了，成功与失败同样精彩

小远报名参加了学校运动会上的跳高比赛，可是他之前从来没有参加过类似的比赛，于是他准备在私下里练习一下。

失败是每个人都会经历的，它是我们成长的一部分，所以不必惧怕。我们真正要害怕的是失败后失去继续前行的勇气。因为只要我们不停下脚步，失败就不是终点，而只是一个小插曲而已。

1 失败是在为成功排除错误答案

失败就像给我们上了一堂课，每次失败之后，我们都有机会看看自己是哪里做得不够好，然后把错误的做法都排除，这样我们就能更加接近成功的目标了。

2 没有经历过失败的成功是脆弱的

想要达成目标的过程就好像要学会熟练地骑自行车一样，需要经历过很多次失败后的摔跤才行，否则，可能遇到一点点的难题我们就会慌乱到不知道该怎么办才好。而且，通过亲身经历失败学到的知识和技能，往往会比从书本上或爸爸妈妈那里间接学到的要记得牢，用起来也更顺手。所以，经历过失败的成功才会更加坚固和持久。

丘吉尔说："成功并非终点，失败也非终结，唯有勇气才是永恒。"真正的失败不是倒下，而是拒绝再站起来。只要我们有改正错误、重新开始的勇气，失败就不是一件可怕的事情。

故事温暖人心

曾国藩自 14 岁起便开始参加科举考试，但他连续六次考试落榜，甚至文章还被公开批责。面对多次的失败和难堪的经历，他并没有气馁，而是选择了继续努力。他进行了深刻的反思，认识到学习方法和文章结构的不足。于是，他将历年考卷与优秀答卷对比，分析差距，并注重基础知识积累，提升文采学识。终于，在第七次科举中，他成功考中秀才。

正能量课堂手册

1 深呼吸平复情绪

若感到沮丧或失望，通过深呼吸来平复情绪，放松身心，以重新振作。

2 在私人空间释放情绪

可以在安全的私人环境中释放负面情绪，比如，通过写日记或绘画等方式表达自己的内心感受。

3 自我鼓励

用积极的话语来进行自我激励，比如"这只是暂时的挫折""我可以从中学到东西"等。

4 建立学习日志记录反馈

记录下自己失败的教训和收到的反馈，有助于明确改进的方法。

5 模拟练习

有改进的策略或技能后，进行模拟练习来进行实践。

6 设定"失败日"

可以设立一个特定的"失败日"，在这一天你可以随意尝试新事物，不用惧怕失败，这有助于你正视失败的正常性。

小媛刚跟着妈妈学会了打乒乓球，妈妈就帮她报名了乒乓球比赛，她心中对赢得比赛很没有信心。

挑战带来蜕变，你比想象中强大

正能量解析

　　生活中的每一次挑战都如同一块磨刀石，磨砺的过程可能并不好受，但它们能让我们变得更加锋利和坚韧。只要我们勇敢面对，每一次挑战都是一次蜕变的机会，那时我们会惊讶地发现，原来自己比想象中更强大。

① 挑战，是进步的契机

　　为了能够顺利突破挑战，我们总要学习些新东西，或是在某些地方变得更加厉害才行。挑战就像是推着我们走出舒适圈的一股能量，在这个过程中，我们学到的新知识和新本领能够让我们实现个人的进步。

② 打败畏难情绪，挑战并不可怕

　　畏难情绪，就像是心里有个小小的声音，每当遇到困难，它就会说："这个好难，你不行，快逃走吧！"很多时候，真正难以解决的，其实正是心里这个让我们不敢开始的小声音。当我们不去想那么多，直接迈出第一步的时候，就会发现，原来那些看起来困难的挑战，其实就像纸老虎，一戳就破！

　　对困难的畏惧是幻想的假象，勇敢一点，我们就可以看到自己的另一种可能，甚至发现自己可以表现得比想象中要厉害很多。

故事温暖人心

越王勾践在战败吴国后，被囚于吴国。在吴国期间，勾践忍辱负重，为吴王夫差当牛做马，甚至尝粪问疾，终获信任，三年后得以归国。回国后，他刻苦自励，卧薪尝胆，以此提醒自己不忘过去的耻辱和苦难。同时，他还穿布衣、吃素食，与百姓同甘共苦。在他的带领下，越国日渐强大，勾践也成为春秋末期的霸主。

正能量课堂手册

1 主动寻求帮助

遇到难题时，及时向老师、同学或家长请教，不要堆积问题。

2 和朋友倾诉

情绪不好时，可以适当向同学和朋友倾诉，共同寻找解决办法。

3 给自己积极的语言暗示

学会用积极的语言来鼓励自己，比如对着镜子说"我可以做到""这只是暂时的困难"等。

4 记录自己微小的进步

无论是学习成绩还是家务活动，要看到并记录自己微小的进步，而不是仅仅关注结果。

5 把每一次的成就写在显眼的位置

把自己的成就写下来，如得到老师的夸奖、比别人更快学会一项技能等。

6 适当奖励自己

当你战胜了一次挑战时，可以给自己一些奖励，增强自信和动力。比如在竞赛中胜出后，举行一个小型的庆祝活动。

漫画正能量

运动会上，程程又一次参加了跑步比赛。比赛结束后，他的成绩排在了最后，但他并没有感到沮丧。

正能量解析

　　每个人都像是从不同地方开始出发的小汽车，起点不一样，走的路不一样，终点也不一样，所以在朝着自己想去的地方前进时，没有办法和别人比较究竟谁走得更快一点。我们真正要比的对象，是我们自己。

① 进步，就是超越了昨天的自己

　　我们每天就像小海绵一样，吸收着周围各种各样的新知识，而超越昨天的自己，其实就意味着我们今天比昨天学得更多一点、懂得也更多一点。虽然一点点的进步可能在宏大的学习目标前看起来没什么大不了，但日积月累，将小的进步坚持下去，最后总会有大收获的。

② 进步，能增强自信心

　　每当我们学会一个新的公式，或者解出一道难题，我们都会产生一种"我真厉害"的感觉，其实这就是成就感。而成就感就像是我们学习路上的超级能量棒，吃了它，我们会变得更有信心和动力去学习新的东西，挑战更难的题目。

　　成长，是一场持续的自我超越，从来都是自己与自己的竞争。当我们把目光从排行榜收回，看到今天的自己比昨天进步了0.1%时，我们就已经赢得了最珍贵的胜利。

故事温暖人心

春秋时期的贤大夫蘧伯玉，善于克己内省、查失改过。他每天都会反省，力求做到今日之我胜过昨日之我。年复一年，他不断地反省、改进，直到五十岁时，他仍然觉得自己四十九年来的过错没有完全改正，因而也流传了蘧伯玉"寡过知非"的典故。

正能量课堂手册

1 设立反思时间

每周或每月设定一个固定的时间进行反思，思考自己的行为、言语和思想是否有需要改进之处。

2 记录过错与感悟

准备一个日记本或电子笔记，记录自己每天的过错、失误以及从中学到的教训和感悟。

3 主动寻求反馈

向身边人主动寻求对自己行为、学习或性格方面的反馈。

4 用小事建立自律的习惯

用日常的小事来培养自律性，比如按时完成作业、保持房间整洁等。

5 设定一些"跳出舒适区"的任务

偶尔给自己设定一些稍微超出自己当前能力范围的任务，可以激发潜能。

6 记录成长点滴，称赞自己进步

当你在某方面有所进步，要大方称赞自己，比如，第一次独自出门或完成一次演讲等。

Part

6

立德和修养
——品格之美，自带光芒

好的品格如同暗室中的玉石，越打磨越温润清亮。修养品德恰似雕琢美玉，需在日常小事中积累。不必刻意标榜德行，风雪中静默绽放的寒梅自有暗香。雨天为陌生人撑的一次伞，浮躁中保持的真诚目光，这些细微举动都让你自带光芒。

善
良
的
你
，
自
带
光
芒

漫画正能量

　　小磊在海边捡了一只小螃蟹，他捏着小螃蟹背部，小螃蟹的腿拼命舞动，差点夹住他的手。小磊有点恼怒，把小螃蟹用力甩到地上。

把你的两个大钳子掰掉，看你还敢夹我！

你知道吗，小螃蟹也有生命，你会弄疼它的。

当然，也许它的爸爸妈妈正焦急地等它回家呢！

那小螃蟹也有爸爸妈妈吗？

快回家找你的爸爸妈妈吧。

再见，小螃蟹。

只有在你的心中播种善良，将来才会收获希望。美国作家马克·吐温认为善良是全世界通用的语言，它可以使盲人"看到"，失聪的人"听到"。当你心存善意，做出善意之举，才会得到别人的帮助，成为一个被善待的人。

① **善良可以为你赢来良好的人缘和幸福的生活**

人们常说："播种善良，才能收藏希望。"你可以没有动人的姿态和容颜，也可以没有富足的财富，但是如果你没有了善良的心，那么你的人生就会搁浅和褪色，因为善良会带来亲和力和感情的回报。多一些善良、理解和谦让，你就能赢得人们的欢迎，也会在生活中感受到美好和幸福。

② **善良是人性最美的光环，它可以感化丑恶，感动人心**

真正的善良之举不是张扬、作秀、图回报。对于普通的你而言，也许你做不出惊天的善举，但是你可以用"勿以善小而不为，勿以恶小而为之"来要求自己，在平凡小事中展现自己的善良品质。

卢梭说："善良的行为有一种好处，就是使人的灵魂变得高尚了，并且使它可以做出更美好的行为。"善良，不仅是一种行为，更是一种力量，能够激发人们内心的美好和光明。

故事温暖人心

大书法家王羲之，有一次在街上散步，看到一位老婆婆抱着一堆扇子叫卖，喊得声音沙哑，也没有人驻足购买。王羲之看到后很是同情她，便从旁边的店里借了一支笔，走到老婆婆身边，在每把扇子上都题了字。路人打开扇子看到大书法家王羲之亲笔题写的字，纷纷围观抢购，扇子瞬间就卖空了。老婆婆转悲为喜，拿着钱财买米归家，王羲之一笑，拂袖而去。

正能量课堂手册

1 爱护花草树木

花草树木也是有生命的，不胡乱攀折树木，就是对生命的尊重。

2 善待小动物

小动物是人类的好朋友，我们要保护它们，不要随便伤害它们。

3 宽容与宽大

包容他人的错误，让我们在给予他人改正机会的同时，也丰富了自己的内心世界。

4 帮助弱小

遇到贫困、残疾或乞讨的人，不嘲笑或轻视，可以主动给予帮助。如，搀扶摔倒的同学；牵老爷爷过马路；帮老奶奶提东西；照顾小弟弟、小妹妹等。

5 回馈社会

可以通过参与公益活动、捐赠物资、帮助有需要的人等方式来实施善举。

6 仁慈与同情心

善良的人对他人的痛苦和困境有同情心，并表现出关怀和体谅。

漫画正能量

莎莎的歌声十分动听，同学们都管她叫"小百灵"。时间长了，她不免有些骄傲，听到别人唱歌时总会忍不住去评价。对方唱得不好，她就会奚落一番。

谦虚使人进步，骄傲使人落后

正能量解析

谦虚不是自卑，也不是不承认自己的能力和学识，而是有修养，不傲慢。谦虚不是懦弱，而是一种智慧。越是有本领的人，越懂得保持谦逊。当我们常怀一颗谦虚的心时，不仅能从中受益，还能让自己变得更好。

① 谦虚，能让我们学到更多

当我们谦虚的时候，就不会因为觉得自己懂了就停止好奇。相反，我们会不断地提问，去探索和挖掘更深层的知识。这些问题会引领我们进入一个充满无限可能的世界，去探索更多未知的奥秘。

② 谦虚，能让我们拥有更多朋友

当我们变得谦虚时，就不会骄傲、自负和张扬。我们不会觉得自己比别人厉害，也不会总是说"我最棒""我是对的"。谦虚的人往往也是乐于助人的人。我们不会因为自己懂得多一点就高高在上，而是愿意分享自己的知识，帮助身边的人。当我们愿意向别人伸出援手时，就会有更多的朋友围绕在我们身边。

当我们愿意承认"我不知道"时，就像打开了一扇通往知识宝库的大门。老师会给我们更多的指导，同学和朋友会给我们更多的意见和建议。我们的大脑就可以不断地吸收来自四面八方的知识和智慧。

故事温暖人心

有一次，京剧大师梅兰芳在大剧院演出京剧《杀惜》，演出十分精彩，场内喝彩声不断。但是，台下有一位老人突然说道："不好——不好——"散场后，梅兰芳专程找到这位老人，恭敬地向其请教。老人见梅兰芳如此谦恭有礼，便认真地指出，他饰演的阎惜娇上楼和下楼的台步错了，应该是"上七下八"。梅兰芳听后恍然大悟，不仅向老人致谢，以后每逢在此地表演都会请老人观看并请其指正。

正能量课堂手册

1 分享努力的过程

取得好成绩或受到表扬时，和父母、朋友谈谈背后努力的过程，而不是单纯强调结果。

2 交流时多听少说

听别人分享成功的经历和成就时，认真地倾听并给予赞赏。

3 参与团队合作

参加集体活动时，感受每一个人的作用和力量，学会尊重队友。

4 学会赞美别人

发现别人的优点和做得好的地方，要勇敢表达出来。

5 反思自己需要改进的地方

反思自己身上的缺点和做得不好的地方，可以记录下来时常回顾。

6 找一个学习的对象

从同学或朋友中找一个值得学习的人，学习对方身上的优点和长处，也可以互相学习，分享心得。

诚信是立身处世之本

考试的结果出来了，小豪拿到老师批改的试卷，发现里面有一道题自己做错了，老师却没有发现。他想了想还是主动找到老师，说明了情况。

正能量解析

　　诚实守信，"诚"就是诚实做人、诚实做事；"信"就是有信用，不虚假。诚实守信是人与人之间建立信任的基础。平时为人处世，与人交往当中，我们都要讲究诚信，坚持从小事做起，守住底线，未来才能走得更稳更远。

❶ 诚信，能帮助我们赢得信任

　　当我们坚持说真话、履行承诺时，别人就会觉得我们很可靠，对我们产生信赖感，更容易接纳我们。我们与别人之间的关系才会稳定、和谐，这艘友谊的小船才会更加稳固，经得起风浪。

❷ 诚信，会让我们走得更远

　　总有人觉得诚实的人太傻，其实诚实的人才是最聪明的人。任何时候，诚实的人都会更受欢迎，也会得到更多的机会。在生活中，诚实守信的人往往能够赢得别人的尊重和认可。诚信的行为能够帮助我们树立良好的形象，有利于我们在人群中脱颖而出，获得更多的表现机会，自然也就能够实现更大的目标。

　　如果把人比作一棵树，诚信就是根基。失去了根基，这棵树就长不出叶子、开不了花、结不了果。信用像一张白纸，一旦弄皱，再怎么抚平也会有痕迹。失信容易，重建信任却很难。

故事温暖人心

战国时期，魏国的国君魏文侯和管理山林的官员约定去打猎。到了约定的日子，忽然下起大雨。群臣纷纷劝说他不要赴约了，可他表示已经和人家约好了，不可以失约。有人提出代他前往，告诉对方取消约定，也被他拒绝。他冒着大雨来到郊外，亲自找到那个官员，和对方取消了约定。他诚信的行为赢得了群臣的理解和尊重，也赢得了百姓的敬佩和爱戴，帮助他成就了霸业。

正能量课堂手册

1 从日常小事做起

在小事上面做到说真话，培养自己诚实守信的好习惯。

2 履行承诺

向别人承诺做某件事时，要尽量要求自己履行承诺。

3 思考不诚信的后果

想一想不诚信会带来哪些后果，比如会给自己带来哪些负面影响。

4 和父母、朋友讨论诚信的行为

和父母讨论家庭中的诚信行为，也可和朋友讨论彼此做了哪些诚信的行为。

5 遇到问题时寻求帮助

遇到问题，不确定怎么做时，可向父母寻求帮助，而不是用说谎来逃避责任。

6 写"诚实日记"

每天记录自己是否做到了诚实守信，并且定期回顾。

7 反思不诚信行为

没有做到诚实守信时，及时反思原因，思考如何才能做得更好。

8 奖励诚信行为

给自己的诚信行为设置小奖励，比如贴纸、做喜欢做的事情等。

越感恩，越幸运，越拥有

　　婷婷放学回来后，看到妈妈表情痛苦地躺在床上。原来妈妈发高烧了，特别不舒服。婷婷见状赶忙给妈妈倒了一杯水，还找了药给妈妈吃。

正能量解析

无论是家人的默默付出，还是朋友的鼎力相助，甚至是陌生人的善意微笑，都让我们的生活充满阳光和希望。虽然对每一分恩情，我们未必都能够予以回报，但是常怀感恩之心才能让我们得到更多的快乐和爱。

① 感恩，让我们和父母的关系更融洽

从小到大，陪伴在我们身边，关心我们最多的就是父母。他们辛辛苦苦把我们养大，如果我们把这一切认为是应该的，他们会十分失望。当我们对父母的付出和关爱表示感激时，能够增强彼此之间的理解和包容，让家庭关系更亲近。

② 感恩，让我们的人际关系更和谐

感恩是一种强有力的纽带，能够加深我们和朋友之间的了解和信任。得到别人的帮助时说一句"谢谢"，别人需要帮助时，伸出援助之手，能让别人感受到我们的尊重和珍视。大家会觉得我们是一个友好、善良的人，让我们变得更受欢迎，与别人的关系更和谐。

感恩会让我们更加重视自己所拥有的，更加珍惜身边的人和事。当我们的关注点都放在这些东西上，就会感受到更多的幸福。

故事温暖人心

韩信是西汉的开国功臣，他早年家境贫寒，常常食不果腹。有一次，他饥肠辘辘地在河边钓鱼，有一位在河边漂洗丝絮的老妇人见他可怜，就把自己的饭分给他吃。韩信非常感激，表示以后肯定会重重地回报她。后来，韩信凭借出色的才能屡立战功，被刘邦封为楚王。他始终没有忘记那"一饭之恩"，他找到了那个老妇人，赠给她一千两黄金报答了当年的恩情。

正能量课堂手册

1 记录值得感恩的事情

从生活中发现值得感恩的事情，用文字或图画记录下来并定期回顾。

2 懂得说"谢谢"

对帮助自己的人表达感谢，无论是父母、长辈，还是同学、朋友。

3 主动帮助别人

遇到需要帮助的人主动提供帮助，不过需要注意量力而行，不要逞强。

4 制作感恩卡片、写感谢信

节日时，可亲手制作感恩卡片、写感谢信，向父母、老师、同学等表达感谢。

5 给别人一个拥抱

可适时给父母、老师、同学、朋友一个拥抱，感谢他们对我们的付出和帮助。

6 回顾别人付出

经常想想父母、老师和朋友对自己的付出，回顾他们曾经为自己做过哪些事情，提醒自己不要忘记。

多些包容，友谊长久

　　小成和小杰从小一起长大。小成特别聪明，学习成绩很好。小杰的成绩就很一般，他经常向小成请教问题。时间长了，小成就有点不耐烦，觉得小杰很笨。

正能量解析

包容是理解和接受不同的观点、行为和文化，对他人的过失、错误或差异秉持着宽容的态度，它是一种胸怀和气度，也是一种重要的品质和人际交往能力。包容是友谊的基石，相互包容才能让我们收获更多的朋友和珍贵的友谊。

1 包容，让我们更强大

每个人都是一个独立的个体，有着不同的性格、成长环境和生活方式。包容意味着接纳这些差异，不强求对方与我们一致，这需要一点勇气，特别是我们感觉被冒犯或不公平的时候。但是，当我们鼓起勇气去包容，就会发现自己越来越强大和自信了。

2 包容，让友谊之树常青

每个人对友谊的理解都不尽相同，但真正的友谊是彼此理解和支持。友谊弥足珍贵，但是维系友谊并不容易，接纳彼此的差异和不足，寻找共同点才是让友谊之树常青的关键。对朋友包容不仅能帮助我们更好地和朋友相处，也能让我们的心态更加平和，更容易得到朋友的理解。

包容不是简单的容忍，也不是没有原则的妥协，而是理解和尊重别人的选择，即使这些选择和我们的价值观不同。不过，包容不等于纵容，我们要坚持好自己的底线。同时，包容也不意味着自我牺牲。

故事温暖人心

管仲和鲍叔牙同是春秋时齐国人。虽然两人性格迥异，但鲍叔牙很欣赏管仲的才华，也很理解他的所作所为。两人一起合伙做生意，管仲出资较少，鲍叔牙出资较多。但是在分配利润时，管仲总是要求多分一些。有人指责管仲贪财，鲍叔牙还替他辩解，说他这样做是为了赡养母亲。鲍叔牙的包容和支持，让管仲深受感动。"管鲍之交"一时传为佳话。

正能量课堂手册

1 思考差异性

想想我们和身边人有哪些不同的地方，比如家庭、习惯、对事情的看法等。

2 宽容对待不同观点

遇到与自己不同的观点时，学着用开放的心态去理解和包容，而不是立即反驳和否定。

3 理解并接纳别人的缺点

对于别人的缺点，不要嘲笑和贬低，有建议可委婉地提出，帮助对方改正。

4 回顾别人对自己的包容

想一想别人是如何包容自己的，培养包容和感恩的心态。

5 观察父母如何做

我们可以在平时注意观察父母如何对待别人，学习如何尊重和接纳别人，如何用包容的态度解决问题。

5 和不同的人交往

和不同背景、不同文化、不同性格的人交往，学会理解和接纳别人。

Part 7

坚韧和毅力

——心中有力量，何惧风雨狂

　　真正的力量，是暴雨中依然拔节的竹，是浪涛中愈发粗粝的礁。坚韧不在于咬牙硬扛，而在于跌倒后从容地调整呼吸。毅力不是一味蛮干，而是如老树扎根岩缝般日复一日地坚持。面对路途荆棘，你只管向前，那些名为"苦难"的沙砾，终会被打磨成掌心的珍珠。

漫画正能量

突破心理障碍，不断超越自我

小枫考试没有考好，内心十分沮丧，爸爸见状，用一个鸡蛋告诉了小枫"鸡蛋从外部打破是食物，从内部打破是生命"的道理。

正能量解析

鸡蛋从外面打破就成了我们餐桌上的食物，从内部打破则是一只充满生命力的小鸡。对我们来说也是一样，只有从内心深处寻找力量，并突破自我，我们才能实现真正的成长和蜕变。

1 突破自我，可以变得自信和勇敢

勇敢是突破自我的必然产物，勇敢不是一点都不害怕，而是在害怕时依然选择站出来面对。当你发现自己能够克服更多的困难时，你的勇气与自信心也会像在风雨中长大的小树苗一样，变得无比坚韧和强大。

2 从内心寻找力量，才能坚定自我的想法

如果把我们的内心看作是一片广袤的海洋，我们的想法和信念就像一直在海上航行的船只，决定着我们行动的方向。从内心寻找力量，就犹如将船舵牢牢地掌握在自己手里，这只船驶向哪里，全凭我们自己的心意。

当我们懂得从自己内心寻找力量时，就说明我们已经明晰了自己的目标。这样，我们就不会因为一时的挫折而动摇自己的想法，只会不断地告诉自己："我要这么做，我可以做到！"

故事温暖人心

孔子生活在春秋末期，当时社会动荡、战争频繁，他主张的学说在那时并未得到广泛的认可和支持。然而，他并没有因此放弃自己的信仰和理念。他毅然决定周游列国，向各国的君主和贵族宣讲他的思想。尽管他屡遭冷遇和排斥，但也并未气馁，而是积极地通过教学、著书等方式来传播自己的思想。孔子执着地坚持和追求，最终得到了历史的验证与认可。

正能量课堂手册

1 写日记

每天写下自己的感受、想法和经历，以便更好地认识自己的情绪和需求。

2 冥想

找一个安静的地方，闭上眼睛，专注于自己的呼吸，平静下来，再思考一下自己想要什么。

3 与朋友深入交流

和朋友分享感受，也倾听对方的故事，既能增进彼此的友谊，还能从他人的经历中学到很多。

4 阅读

阅读文章、故事、名人传记等，了解不同的观点和思想。

5 参加课程或培训

学习新技能或知识，提高自己的能力，以便在面对挑战时更加从容。

6 自我肯定

当自己完成一项任务或取得进步时，用积极的话语肯定自己。比如，可以说："我做得很好，我为自己感到骄傲。"

挑战不可能，才能山顶见

妈妈带着笙笙一起去爬山，但是到了山脚下，笙笙看着山又高又陡峭的样子有点害怕，觉得自己上不去，就萌生了退缩的想法。

这个山也太高了，我爬不上去呀。

或许没有你想得那么高，我们要试试才知道。

真的吗？那我试试。

哇，我已经爬了这么高了，也许我真的可以登顶。

原来山真的没有想象中那么高，我做到了！

正能量解析

看不到尽头的路究竟有多远，望不到顶端的山到底有多高，只有我们通过实践才能知道。很多时候，我们都需要有一种"不管不顾向前冲"的劲头，去面对眼前出现的挑战，以免因为放弃尝试而错过机会。

1 主动出击，才有战胜困难的机会

过多的犹豫和想象，会放大我们心里的恐惧。如果我们面对困难一直逃跑，那么恐惧的"怪兽"就会一直跟着我们，甩也甩不掉，我们也会一直被难题困住。可是，一旦我们鼓起勇气去尝试，就会发现，原来事情并没有自己想象的那么困难和可怕，很多原以为做不到的事情，其实都可以做到。

2 尝试，是在为下一次实践打基础

所谓尝试，其实就是一个不断接触、体验的实践过程。生活中的好多事情都是，一开始看起来很难，但是只要我们不怕困难，勇敢地去做、去尝试，那些难题就会逐渐在行动中变得清晰、简单。

那些看似做不到的事就像拼图碎片，很容易让人产生难以完成的压力，可通过一次次地拼接，再复杂的拼图也能变成一幅漂亮的图画。

故事温暖人心

东汉时期，文字主要被写在丝绢或刻在竹简上，很不方便。蔡伦决心寻找一种更好的书写材料。他观察妇人们洗蚕丝和抽蚕丝的"漂絮"过程，从中获得了灵感，尝试用各种纤维造纸。造纸过程中，他整天脏兮兮的，周围的人都把他当作怪人。可他从不在意这些，依旧埋头研究自己的造纸方法。经过多次改进，他终于造出了便宜好用的纸，逐渐取代了丝绢和竹简。

正能量课堂手册

1 遇到困难不打退堂鼓

遇到困难或挫折时，不能打退堂鼓，要坚持下去，直到找到解决问题的方法。

2 学会激励自己

遇到困难学会给自己加油打气，告诉自己"我可以做到"。

3 尝试没有做过的事情

大胆尝试一些自己不曾做过的事情。比如，在父母不干预的情况下自己砍价买东西等。

4 从小事开始尝试

可以从一些简单的小事开始尝试，比如自己系鞋带、整理书包等。

5 寻找榜样，模仿学习

观察身边那些敢于尝试、勇于探索的人，比如老师、父母等。尝试模仿他们的行为方式，学习他们是如何面对困难、解决问题的。

6 记录成功瞬间

准备一个相册或日记本，记录下自己每次尝试成功或取得进步的瞬间。

挫折教我们坚强，而非打倒我们

漫画正能量

棠棠正在学骑自行车，可没想到因为一个小石子摔倒了。虽然摔得很痛，但她没有放弃，反而激发了她继续练习的斗志。

正能量解析

在成长的旅途中，挫折从来不是用来打倒我们的巨石，而是铸就坚强的阶梯。它让我们学会在跌倒中站起来，在失败中汲取力量。正是这些挫折，让我们的内心更加坚韧和强大。勇敢面对，我们会发现，挫折背后，是更加灿烂的自己。

❶ 挫折是我们的教练

挫折就像一个外表严肃，但实际上超级有爱心的教练。它不会直接教给我们解决问题的方法，而是会给我们设置一些小难关，让我们自己去尝试解决。有时，我们可能会因为它的严肃而难过，但只要我们不放弃它交予的任务，勇敢面对，它就会悄悄地在我们心里播种下坚强的种子。

❷ 挫折是我们的镜子

挫折能够像镜子一样，帮助我们发现自己的不足。每当我们在某件事情上感到困难时，都是这面镜子在告诉我们："嘿，这里你做得还不够好，需要再努力一下！"正因为它的存在，我们才有机会对不足做出针对性的弥补。

人会有很多第一次，第一次往往充满紧张，而这种紧张是在一次次的反复锤炼中被克服的。这恰恰说明，挫折不是来摧毁我们自信的，而是让我们学会如何让心变得更坚强。

故事温暖人心

苏轼一生经历了多次贬谪，第一次因"乌台诗案"被贬至黄州，后来又先后被贬至惠州等更遥远的地方，远离政治中心。这些地方的生活条件艰苦，对于一位曾经在朝堂中举足轻重的人来说，无疑有着巨大的落差。可是苏轼并没有因此消沉，他的创作才华反而得到了进一步的激发。在这些贬谪地，他写下了许多脍炙人口的作品，比如《定风波》《赤壁赋》等。

正能量课堂手册

1 深呼吸，冷静下来

遇到挫折时，允许自己产生负面情绪，可以找一个安静的地方，闭上眼睛进行深呼吸，缓解情绪。

2 找一个"秘密基地"

寻找一个属于自己的小角落，不开心时与玩具"朋友"说说话。

3 和信任的人分享情绪

因挫折而难过时，可以用"我感到……"的方式，向信任的人分享情绪。

4 分析并写下遭遇挫折的原因

当情绪平复，可以客观分析一下遭遇挫折的原因，比如准备不足等。

5 写下自我激励的小纸条

在小纸条上写下自我激励的话，比如"我下次会准备得更充分"，然后将其放在显眼的位置，以提醒自己。

6 学习他人的经验

如果你有敬佩的历史人物或身边亲友，可以去了解一下他们是如何面对挫折并从中学习成长的。

压力像弹簧，你强它就弱

乔乔最近很忙，她不仅要准备即将到来的学业考试，还要参加一个重要的绘画比赛。双重的压力让她感到焦虑不安。

压力就像一个巨大的弹簧，我们越是害怕它，它就会变得越大，让人觉得难以应对。但是，当我们变得坚强起来，敢于去与它对抗时，它就会反过来被我们压倒。所以要记住，我们越强，压力就越小。

1 面对压力，越自信越不会害怕

我们心中其实有个"自我认知"空间，它会评估我们的能力和外界挑战的强弱。若我们觉得自己弱小，它就会放大压力对我们的影响，让我们退缩；若我们以自信面对，它就会看到我们的勇气，帮我们变得坚定。即使压力仍在，我们也不会再害怕了。而我们越是自信，压力的影响就会越小。

2 适当的压力可以转化为动力

适当的压力其实并不是一件坏事，当我们感到有一些压力时，我们反而会在做事时变得更加专注和认真。就像在写作业时，如果有老师或父母在一旁监督，我们会写得更认真，也努力将字写得更漂亮。

压力就像弹簧，你退它就进，你进它便退。面对挑战时，挺直脊梁迎难而上，它自会节节败退。人的坚韧和毅力，便是压力最大的克星。

故事温暖人心

　　张居正任内阁首辅时，为挽救明朝颓势力推改革，却触犯了许多权贵的利益。他们开始联合对抗张居正，甚至煽动民众反对改革。面对朝野反对与民众误解，他毫不退缩，坚信改革利国利民，并积极与反对派进行辩论和斗争。

正能量课堂手册

1　进行户外活动

　　可以在户外进行适当运动，使全身肌肉松弛，以缓解压力。

2　把压力"写出来"

　　写下遇到的难题和可能的解决办法，无论其是否有效，都可以减轻压力。

3　对做不到的事情说"不"

　　拒绝超出能力范围或让你感到不适的请求，避免过度承担导致的压力累积。

4　想象成功的样子

　　尝试在脑海中描绘成功应对压力、达成目标的情景。增强信心，激发内在动力。

5　每天找一件开心的事情

　　每天寻找至少一件值得开心或感恩的事，比如美丽的风景、家人的关爱等。

6　学习放松技巧

　　感到紧张或焦虑时，可以进行深呼吸、冥想，或是瑜伽类的伸展运动。

7　培养兴趣爱好

　　发展兴趣爱好，可以在学习之余找到放松的方式，提高生活幸福感。

8　绘画解压

　　用涂鸦或创作表达自己的情绪，能将压力转化为视觉艺术，以释放压力。

失败是常事，也是尝试

在体育课上，老师教同学们跳绳，并要求每个同学需要连续跳绳 10 个才过关。可是，小勇尝试了好多次，最多只能连续跳 5 个，他感到有点沮丧。

正能量解析

经历失败，就像小雨滴终会落到泥泞的土地上一样，是没有办法避免的。但是失败并不是一件可怕的事情，相反，它可以让我们获得成长。每一次失败，我们都能从实践中获得经验，这正是进步的秘诀之一。

❶ 经历失败，更"不容易受伤"

我们的身体需要经过锻炼才能变得更强壮，成长中的小树苗需要经过风雨才能深深扎根在土地里。我们的内心也是一样，需要经历一些失败，才能变得更坚韧、有力，从而变得"不容易受伤"。

❷ 失败会使人睿智

失败好像一个特别的暂停键，它一出现，我们就有机会停下来，回头看一看自己做过的事情，然后仔细找一找自己有哪里做得很棒，有哪里还存在短板。找到了短板，我们才能开动脑筋，想办法做出最具有针对性的努力。正是这种被迫思考、探索新方法的过程，让我们变得更睿智、更具创造力。

失败从不是终点，而是蜕变的起点。每一次跌倒都在教你如何站得更稳，每一次挫折都在雕刻更强大的自己。那些没有打倒你的失败经历，最终都会变成你前进的阶梯。

故事温暖人心

夏朝时期，夏后伯启在甘泽之战败于有扈氏。面对失败，伯启的部下不服，要求再战。然而，伯启却冷静地进行了分析，拒绝了再战的请求。他认为，失败是源于自身的德行不足。于是，他厉行节俭：粗茶淡饭、罢黜享乐、约束子女奢侈，同时勤政爱民、任人唯贤。这些举措不仅提升了他的个人德行，更让他赢得了民心。一年后，有扈氏主动归顺。

正能量课堂手册

1 设定"失败安全区"

设定一个"失败安全区"，允许自己在安全的环境中自由尝试和犯错。

2 情绪转换

失败时，从感叹"我失败了"转变为询问自己"我学到了什么"。

3 准备"失败日记"

准备一个日记本，记录每次失败后的心情和当时的想法，积累经验。

4 做失败原因分析图

使用图表，列出导致失败的可能原因，避免片面归因。

5 进行"如果……会怎样？"的游戏

想象采取不同行动结果将会如何，锻炼批判性思维和解决问题的能力。

6 当分享经验的"小老师"

把自己失败的经验分享给其他同学，并告诉他们自己是怎么克服困难的。

7 失败分享圈

和朋友们轮流分享自己的失败经历及所学到的教训，能减少失败的孤独感。

8 给自己打气

对自己说一些鼓励的话，比如"失败只是暂时的""我可以的"。

Part

8

责任和担当
——行动诠释责任，热血铸就担当

　　真正的担当不在云端，而在打翻牛奶时的道歉声中，在弄砸事情后那句"我来解决"的瞬间。这些细微的担当，就像修补陶器的金缮，能把裂痕变成闪光的花纹。当你敢于为自己的行为负责，便是在向世界宣告：这里站着一个值得信赖的人。

漫画正能量

小光打篮球时，不慎打碎了学校宣传栏的玻璃。起初他内心矛盾，怕被老师责备，但想起爸爸的话后，终于鼓起勇气向老师坦白。

承担错误，不是让自己一直难过或自责，而是要有一种"我做错了，但我愿意面对并改正"的勇气。如果我们能够承认自己的错误，记住教训，那错误就能教会我们怎么做得更好，怎么避免再犯同样的错误。

❶ 错误，是一个"藏着宝贝的盒子"

犯错误就像是打开了一个藏着宝贝的盒子，每次犯错都是学习的时刻，因为错误能够告诉我们哪里还要改进，下次该怎么做才是对的。所以，犯了错不要逃跑，试着像个"小侦探"一样，去找找看这次错误里藏着什么"宝贝"吧。说不定我们会发现，它让我们学会了以前不知道的新方法呢。

❷ 承认错误后，内心会变得轻松

当我们隐瞒错误时，心中就好像压了一个大包袱，沉甸甸的，即便没有受到指责也开心不起来。可是，当我们坦承自己犯的错时，我们就会发现，心中那个大包袱好像在一瞬间消失了，整个人都会轻松多了。

一个人真正意义上的成熟，始于他不再为过错编织借口、不再用逃避安抚怯懦，毅然决然地直面自己种下的因果，用行动为每一次错误买单。

故事温暖人心

汉武帝开创了西汉的鼎盛时期，可他在统治的后期，却任用酷吏，穷兵黩武，迷信方士，酿成巫蛊之祸，致使太子刘据冤死。在经历了诸多挫折后，汉武帝深感悔恨，他修建了"思子宫"，并向天下颁布了《轮台罪己诏》。此后，他开始实施新的治国方略，罢黜方士，停止过度征伐，转而注重民生和发展经济，最终稳定了朝局。

正能量课堂手册

1 不撒谎

即使面对可能的惩罚，也坚持说实话，不编造谎言来掩盖错误。

2 承认全部

完整、真实地陈述错误情况，不逃避、不推诿、不隐瞒任何细节。

3 弥补损失

如果错误影响到他人，要尽力弥补对方，如向对方表达歉意、给予他人赔偿等。

4 分析错误发生的原因

仔细寻找问题的根源，从错误中吸取教训，避免再次犯错。

5 调整心态

学会原谅自己，不要因一时的错误而过度自责或自卑。

6 设立"错误日记"

记录自己的错误经历、反思过程以及改进措施，以便下次更好地避免错误。

7 提出改正方案

可以主动提出改正错误的方案，并付诸实践。

8 寻求他人帮助

可以与他人分享自己的经历，并从他人的经验中学习如何弥补错误。

云云带着自己的零花钱和妈妈一起去逛超市，妈妈答应她，她的零花钱可以自由支配，但不能超支。云云看着货架上的零食陷入了纠结。

为选择负责，让自己更独立自由

正能量解析

选择是我们生活中再常见不过的事情，每个选择背后都意味着不同后果的产生，而选择是自由的，但选择造成的后果不是。真正的自由不仅仅是随心所欲地做想做的事情，还包括有能力为自己的选择负责。

1 为自己的选择负责，能学会独立思考

当我们能够为自己的选择负责时，说明我们已经像个"小侦探"一样，仔细考虑了每个选择可能带来的所有后果。这样的思考过程，会让我们的小脑袋变得更灵活，更会分析问题。

2 为自己的选择负责，有助于认识自己

我们每一次做出选择，就像是自己在和自己玩一个"认识我自己"的小游戏。做选择的过程，就像是在问自己："我喜欢什么？我擅长什么？我这样做是因为什么？"基于这些问题的答案，我们才能做出最终的决定。所以，在做选择的过程中，我们往往能够更好地认识和了解自己。

只有勇于承担自己选择的后果，才能挣脱依赖的枷锁，赢得真正的自由与独立。因为自由不是随心所欲，不是逃避责任，而是敢于面对一切，敢于为自己的每个选择买单。

故事温暖人心

明代地理学家徐霞客在年少时就有"大丈夫当朝碧海而暮苍梧"的志向。在当时大多数人都走传统功名之路时，22 岁的徐霞客选择放弃科举，开始了自己的徒步考察之旅。他三遇盗匪、四次绝粮，在广西险些坠崖时仍坚持记录岩溶地貌。晚年时，他双足俱废，被人抬回家中，病榻上仍在整理自己的游记。历时 34 年，他最终完成了六十余万字的系统地理考察巨著——《徐霞客游记》。

正能量课堂手册

1 自己管理个人物品

自己管理书包、文具、衣物等个人物品，学会对自己的物品负责。

2 自己管理个人财务

给自己的零花钱制订预算计划，进行合理的消费和储蓄，自己承担超支的后果。

3 自己设定目标

可以自己完成目标的设定，包括学习进步目标、生活自理目标等。

4 生活小事自己做选择

比如，在购物时，可以选择自己喜欢的商品；在学习上，可以选择适合自己的学习方法。

5 自己制订时间计划表

可以根据自己的生活和学习状态制订时间表，合理安排学习和娱乐时间。

6 独立完成自己的任务

在没有父母陪伴的情况下完成自己的任务，包括学习任务和生活任务，比如写作业、洗衣服等。

家庭有你，做家务是担当

有一天，小果吃完早餐，刚想离开餐桌时，妈妈拿出了一份家务清单，里面每个家庭成员都安排了自己负责的家务，小果也收到了家务劳动的任务。

正能量解析

家务，它可不是爸爸妈妈的专属工作哦，家务是需要所有家庭成员共同完成的。作为家里的一员，我们每完成一项家务，其实都是在为家里的幸福添砖加瓦。

❶ 家务是独立生活技能的启蒙

当我们亲身参与到家务中去，比如洗碗、扫地、整理房间，这些看起来很容易的事情，其实正在悄悄地教会我们怎么照顾自己。等到有一天，我们长大到可以离开爸爸妈妈的时候，这些从做家务中学到的小技能，就会变成我们最可靠的伙伴，帮助我们面对生活中的各种小挑战。

❷ 做家务，能让家人的感情变好

做家务，其实很像一个温馨的家庭聚会，是我们和爸爸妈妈一起增进感情的好机会。我们能更真切地感受到他们的辛苦，而他们也会看到我们对这个家的在乎与爱意。在这个过程中，大家的心也就贴得更近了。

家不是一个人的孤军奋战，而是全家共同编织的温馨港湾。我们叠好的衣服、刷好的碗筷，都在诉说着"爱"。分担家务不是负担，而是用实际行动在宣告："这个家也有我一份"。

故事温暖人心

朱元璋幼时家境贫寒，他从小就帮助父母干农活，如放牛、种地等，以减轻家庭的负担。在父母去世之后，他又承担起了照顾家中兄弟姐妹的责任，包括为他们准备食物、洗衣做饭等。尽管生活困苦，但他始终尽力让家人过上更好的生活。成为皇帝后，朱元璋仍然十分珍视家庭，也尊重并感激马皇后为家庭所做出的贡献，一直与马皇后感情和睦。

正能量课堂手册

1 制定家务清单

与爸妈一起制定一份家务清单，包括日常清洁、整理个人物品、协助做饭、照顾宠物等任务。

2 设立奖励制度

设定小奖励，比如完成家务后获得额外的休闲时间或家庭活动特权。

3 设定提醒机制

用家庭公告板或日历等方式设置提醒，以帮助你记住家务任务和时间。

4 设定固定任务

给自己设定固定的家务任务，如，每周打扫一次房间、每天整理书桌等，以养成习惯。

5 和自己有关的事情自己负责

比如，负责自己衣物的洗涤和晾晒、自己衣柜的整理等。

6 协助购物

在家长的陪同下，参与家庭购物，如购买食材、日用品等。

直面问题才能解决问题

　　小亮在做作业时遇到了难题，怎么也写不下去了，就将笔丢在了一边，想要放弃。

生活中有诸多问题，看起来庞大而复杂，可逃避并不会让它们自动消失。相反，它们会在暗处像滚雪球一样，越滚越大，最终变得难以解决。因此，勇敢面对问题，积极寻找解决的方案，才是解决问题的正确方式。

① 勇敢解决问题，可以减少心理压力

无论是学习难题还是生活困扰，都会让心里"重重"的，像压了块儿大石头。只有勇敢面对，积极想办法解决，心中的石头才会慢慢变小。因为当我们行动时，心里想的就不再是"这个问题好难"了，而是"怎样才能解决它呢？"注意力的转移，能够帮助我们暂时忘记问题本身带来的烦恼。

② 勇敢解决问题，可以增强自信心

当我们决定直面问题时，实际上是在给予自己一种肯定——我有能力去应对这些挑战。而每一次成功地解决问题，都会加深我们内心对自己的这种肯定。这种正向积累，会逐渐增强我们完成挑战的信心。

面对问题，别选择逃避，那只会让困难更加棘手。勇敢站出来，直面挑战，那么问题只会变成助力的台阶。记得在看见问题时告诉自己："嗯，我能解决！"

故事温暖人心

北宋时期的政治家司马光小的时候，有一次和几个小伙伴在后院玩耍。院子中有一口大缸，一个孩子爬到缸沿上玩，失足掉了进去。缸大水深，眼看小伙伴快要被淹没了。其他孩子都被吓得边哭边喊，跑到外面向大人求救。唯有司马光表现得十分冷静和勇敢，他急中生智，迅速从地上捡起了一块大石头，使劲向水缸砸去。终于，救出了小伙伴。

正能量课堂手册

1 寻求帮助，不孤军奋战

承认问题的存在，并敢于去向父母或老师请教。有时候，别人一个简单的提示或建议就能让你豁然开朗。

2 制订计划，一步一步来

把大问题拆解成小步骤，再逐一解决。

3 设定问题解决的时限

为解决问题设定一个专门的时间段，避免拖延。

4 解决问题时保持耐心

解决问题需要时间和努力，不能一蹴而就。当进展缓慢时，要保持耐心，告诉自己："我一定能做到！"

5 建立"问题日志"

准备一个笔记本，专门用来记录遇到的问题，并做简要描述，尤其是尝试过的解决方法，以便为以后做参考。

6 设定问题"优先级"

根据任务的重要性和紧急度进行排序，为其合理分配时间和精力。

爱护环境，为地球做一件小事

　　小冉高兴地追着蝴蝶玩，为了追到蝴蝶，她踩进了草坪里。但她没意识到，自己的行为正在伤害小草。

地球是我们共同的家园，这个家园为我们提供了空气、水、食物和土地，让我们能够在此生存和长大。地球与我们每个人的生命健康息息相关，所以爱护环境，不仅仅是某一个人的事情，更是我们所有人共同的责任。

❶ 爱护环境是对自己的健康负责

我们周围的环境，就像是我们生活的"大房子"，它的好坏将直接关系到我们过得舒不舒服。如果我们把它照顾得干净整洁，那我们就能健健康康、快快乐乐地生活。但是如果我们不好好照顾它，让它变得脏兮兮的，那么我们自己也会生病。所以，好好爱护环境，也是在爱护自己的身体。

❷ 爱护环境是对自己的成长负责

大自然的四季更替、气候变化以及丰富的地理环境，对于我们来说都是最直接的启蒙教育。我们为保护环境所做的每一分微小的努力，都是在为保护我们学习和成长的天地贡献力量。

保护环境不是宏大命题，而是每个人触手可及的日常行为。我们随手关掉的灯、多走几步扔进的垃圾，都是在为地球的未来保驾护航。

故事温暖人心

明朝时期，五台山林木遭到了严重破坏。高文荐巡抚山西后严令禁止砍伐林木。然而，由于一些奸商贿赂官员，砍伐行为并未得到有效遏制。高文荐毅然上书皇帝，陈述其中厉害。皇帝责令严格执行禁伐令。为确保禁伐令得到有效执行，高文荐还组织僧兵带着武器日夜巡逻，一旦发现砍伐行为，立即严惩。这一举动让五台山的林木资源得到了有效保护。

正能量课堂手册

1 减少使用一次性物品

减少使用塑料袋等一次性物品，平时多用自己的水杯和餐具等。

2 垃圾分类

将垃圾分类投放、收集、运输和处理，方便回收和处理，降低垃圾污染率。

3 节约用水

洗手时及时关闭水龙头，洗澡时尽量缩短时间，避免浪费水资源。

4 节约用电

离开房间时，记得及时关闭电器设备。

5 不伤害花草树木

不随意践踏草坪，也不摘花折枝。花草树木也是地球的一部分。

6 参与环保活动

积极参加学校或社区组织的环保活动，如植树造林、清洁河流等。

7 不随意丢弃纸张

可循环利用的纸张，尽量不丢弃，可用于手工制作等其他用途。

8 购物用环保袋

购物时，优先考虑环保袋、玻璃瓶等可重复使用的包装。

青蓝